1 1年生で ならった こと①

月　日　時　分～　時　分

名前

❶ 時計を　よみましょう。

みじかい　はりで
「何時」、長い　はりで
「何分」を
よむんだったね。

①

(　　　　)

②

(　　　　)

③

(　　　　)

④

(　　　　)

⑤

(　　　　)

⑥

(　　　　)

⑦

(　　　　)

⑧

(　　　　)

❷ 長い　はりを　かきましょう。

36点(1つ6)

① 9時

② 8時8分

③ 3時30分

④ 12時20分

⑤ 6時41分

⑥ 1時52分

❸ 線で　むすびましょう。

24点(1つ6)

12時	4:26	11:38	2時13分

「何時」は　みじかい　はりが　通りすぎた　数字を　よむよ。
「何分」は　長い　はりが　さして　いる　目もりを　よむよ。

2 1年生で ならった こと②

月　日	時　分～　時　分
名前	点

1 時計を よみましょう。　40点(1つ5)

①

(　　　　　)

②

(　　　　　)

③

(　　　　　)

④

(　　　　　)

⑤

(　　　　　)

⑥

(　　　　　)

⑦

(　　　　　)

⑧

(　　　　　)

② 長い　はりを　かきましょう。

36点(1つ6)

① 11時23分

② 4時12分

③ 5時43分

④ 2時

⑤ 10時35分

⑥ 7時6分

③ 線で　むすびましょう。

24点(1つ6)

8:56	1:39	12時3分	6時3分

みじかい　はりの　よみ方に　気を　つけよう。
1年生で　ならった　「何時何分」が　しっかり　よめるかな。

3 時こくと 時間

月　日　時　分～　時　分

名前

点

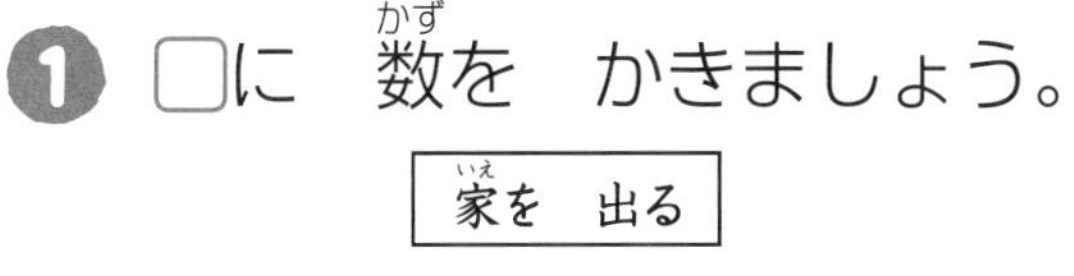

1 □に 数を かきましょう。

40点(□1つ10)

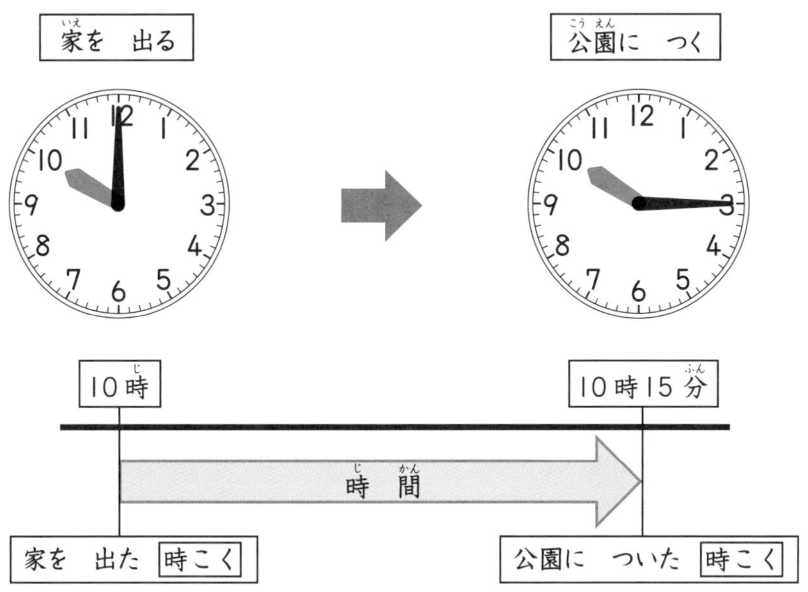

時計の はりが さして いる 「とき」を 時こくと いいます。

家を 出た 時こくは [10]時、

公園に ついた 時こくは [　]時[　]分です。

時こくと 時こくの 間の 長さを 時間と いいます。

家を 出てから 公園に つくまでの 時間は、長い はりが 15目もり うごいて いるので [15]分です。

長い はりが 1目もり うごく 時間が 1分です。時間の 1分を 「1分間」と いう ことも あります。

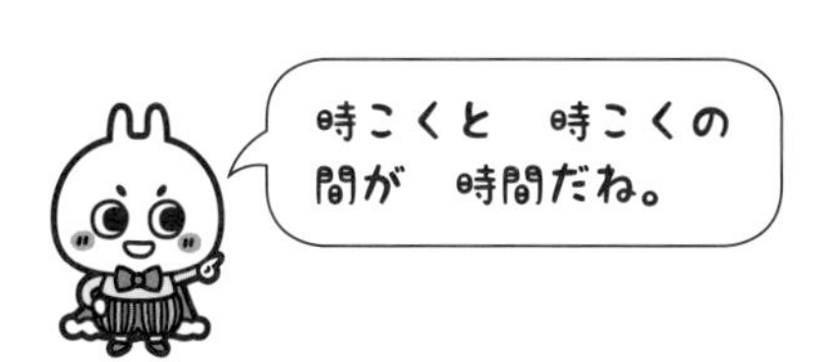

② つぎの　時こくや　時間を　答えましょう。　30点(1つ10)

家を　出る　　　　えきに　つく

① 家を　出た　時こく

(　　　　　　　)

② えきに　ついた　時こく

(　　　　　　　)

③ 家を　出てから　えきに　つくまでの　時間

(　　　　　　　)

③ つぎの　時こくや　時間を　答えましょう。　30点(1つ10)

バスに　のる　　　　バスを　おりる

① バスに　のった　時こく

(　　　　　　　)

② バスを　おりた　時こく

(　　　　　　　)

③ バスに　のって　いた　時間

(　　　　　　　)

「時こく」と「時間」の　ちがいが　わかったかな。長い　はりが　1目もり　うごく　時間が　1分だよ。

月　日　時　分～　時　分

名前

点

4 何分を　答えよう①

1 左の　時こくから　右の　時こくまでの　時間は　何分ですか。
□に　数を　かきましょう。

10点（□1つ5）

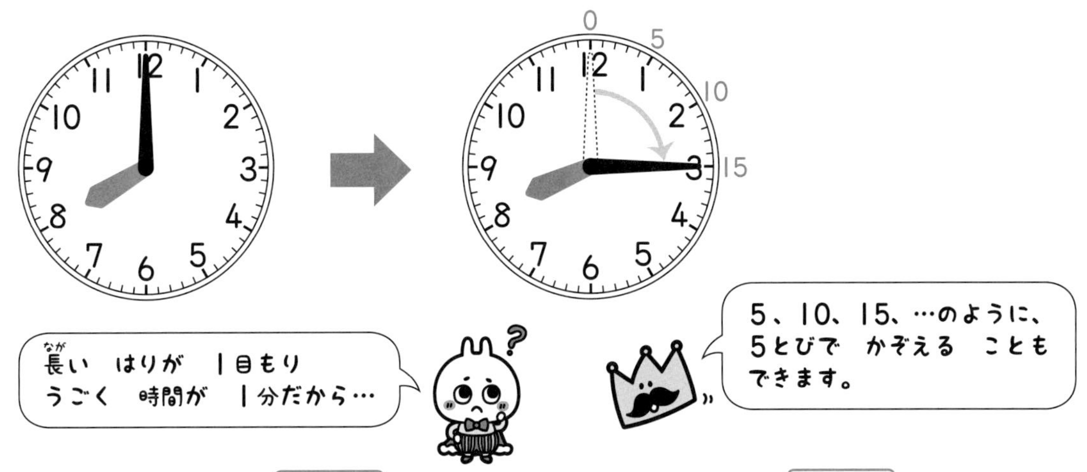

長い　はりが　15目もり　うごいたから　15分です。

2 左の　時こくから　右の　時こくまでの　時間は　何分ですか。

30点（1つ10）

❸ 左の　時こくから　右の　時こくまでの　時間は　何分ですか。

60点(1つ10)

①

(　　　　　)

②

(　　　　　)

5とびに
かぞえよう。

③

(　　　　　)

④

(　　　　　)

⑤

(　　　　　)

⑥

(　　　　　)

長い　はりが　小さい　目もりで　ひとつぶん　うごくと　１分だよ。
時計の　数字が　何分か　すぐ　いえるように　しよう。

5 何分を　答えよう ②

月　日　時　分～　時　分

名前

点

❶ 左の　時こくから　右の　時こくまでの　時間は　何分ですか。
□に　数を　かきましょう。　8点(□1つ4)

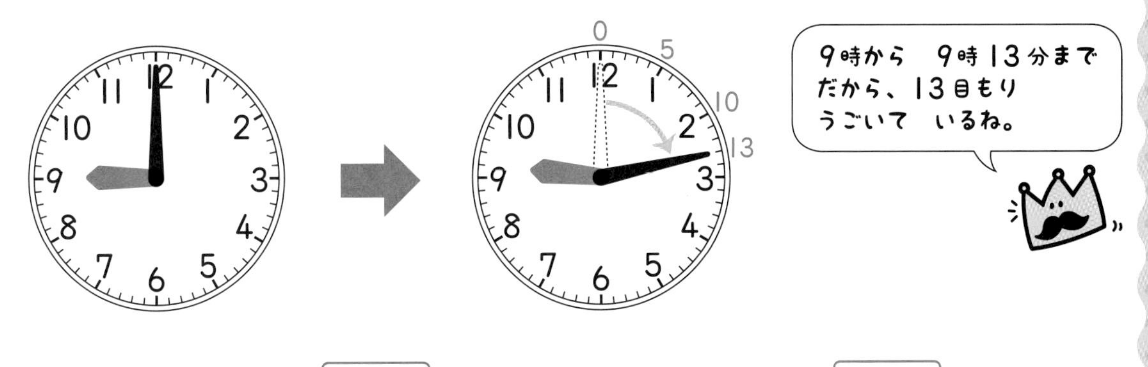

長い　はりが　□目もり　うごいたから　□分です。

❷ 左の　時こくから　右の　時こくまでの　時間は　何分ですか。　12点(1つ4)

① 
(　　　　)

② (　　　　)

③ (　　　　)

❸ 左の　時こくから　右の　時こくまでの　時間は　何分ですか。

80点(1つ10)

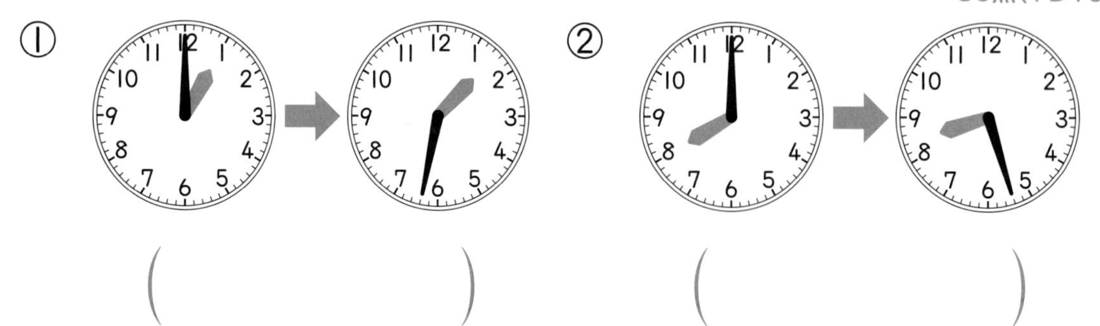

①（　　　　）　②（　　　　）

③（　　　　）　④（　　　　）

⑤（　　　　）　⑥（　　　　）

⑦（　　　　）　⑧（　　　　）

時計の　はりは　右まわりに　うごくよ。長い　はりが　何目もり　うごいて　いるかを　見て　みよう。

月　日　時　分～　時　分

名前　　　　点

6 何分を　答えよう③

1 左の　時こくから　右の　時こくまでの　時間は　何分ですか。
□に　数を　かきましょう。　10点（□1つ5）

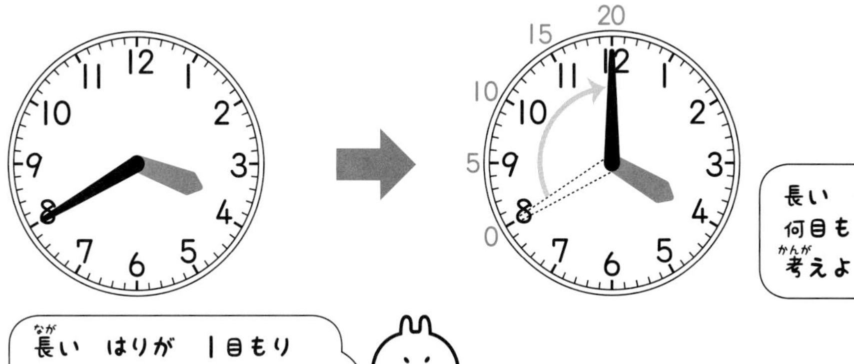

長い　はりが
何目もり　うごいたかを
考えよう。

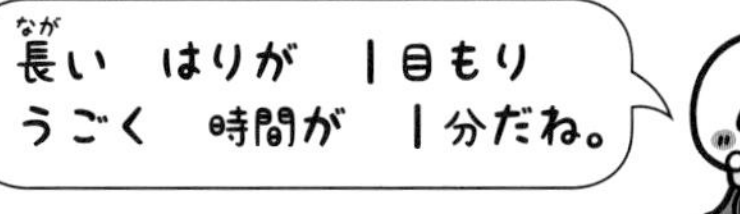

長い　はりが　[20]目もり　うごいたから　[20]分です。

2 左の　時こくから　右の　時こくまでの　時間は　何分ですか。　30点（1つ10）

①

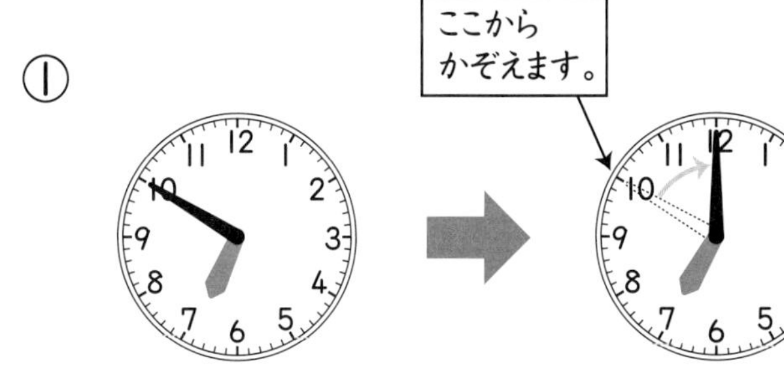

（　10分　）

②

（　　　　）

③

（　　　　）

3 左の　時こくから　右の　時こくまでの　時間は　何分ですか。

60点(1つ10)

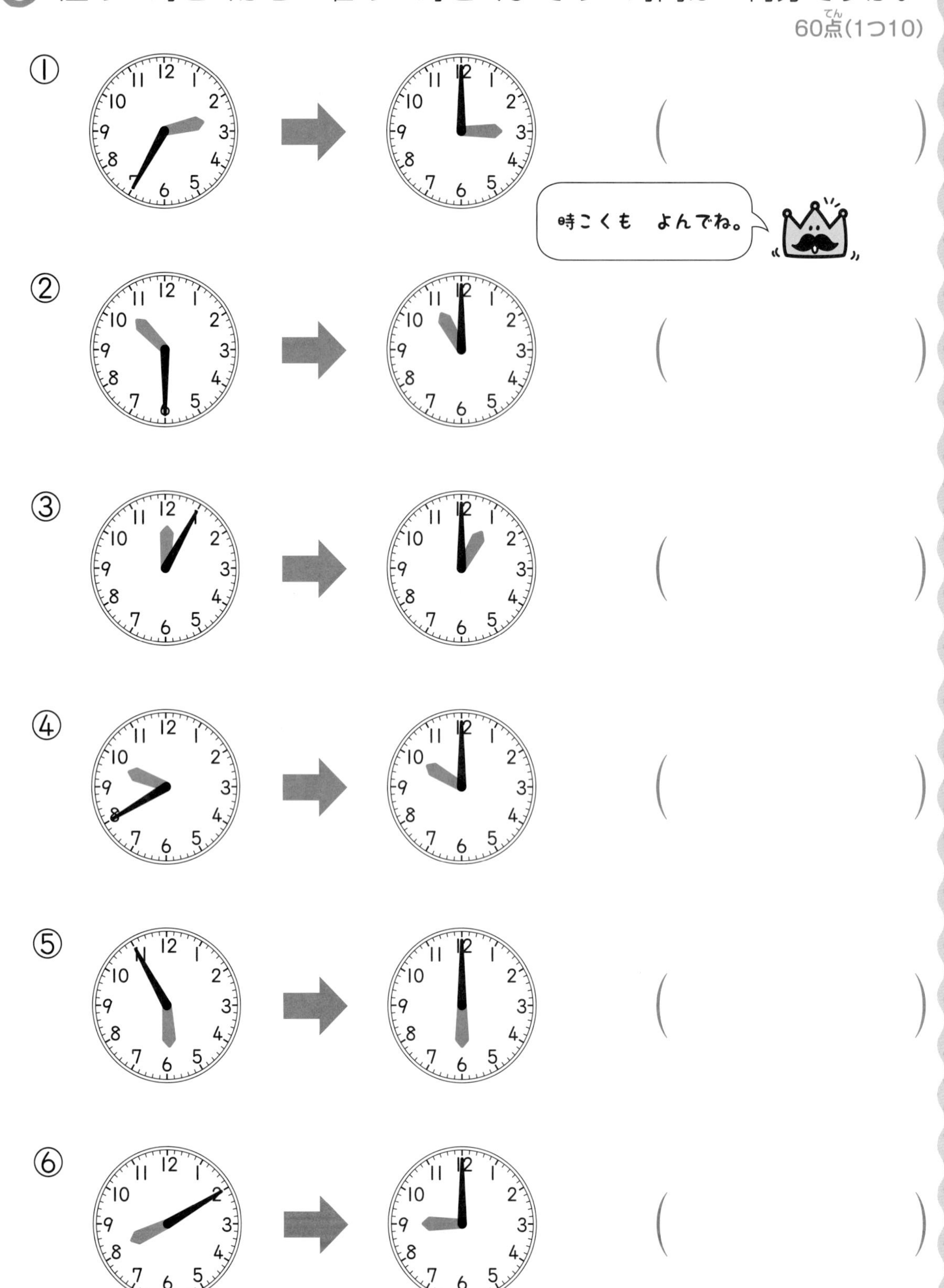

左の　時計の　長い　はりの　目もりから　「12」までの　目もりの　数を、右まわりに　かぞえるんだよ。

7 何分を　答えよう ④

月　日　時　分～　時　分

名前

点

❶ 左の　時こくから　右の　時こくまでの　時間は　何分ですか。□に　数を　かきましょう。

8点(□1つ4)

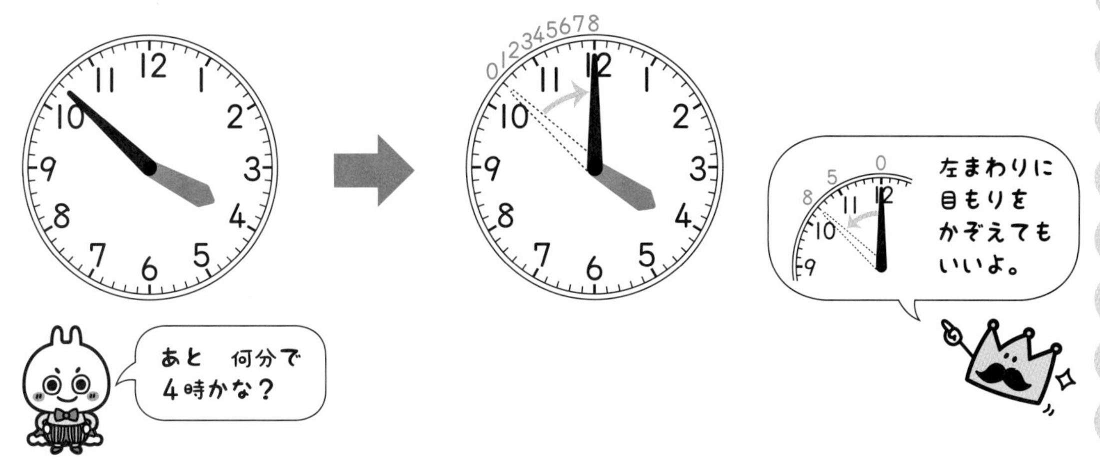

長い　はりが　□　目もり　うごいたから　□　分です。

❷ 左の　時こくから　右の　時こくまでの　時間は　何分ですか。

12点(1つ4)

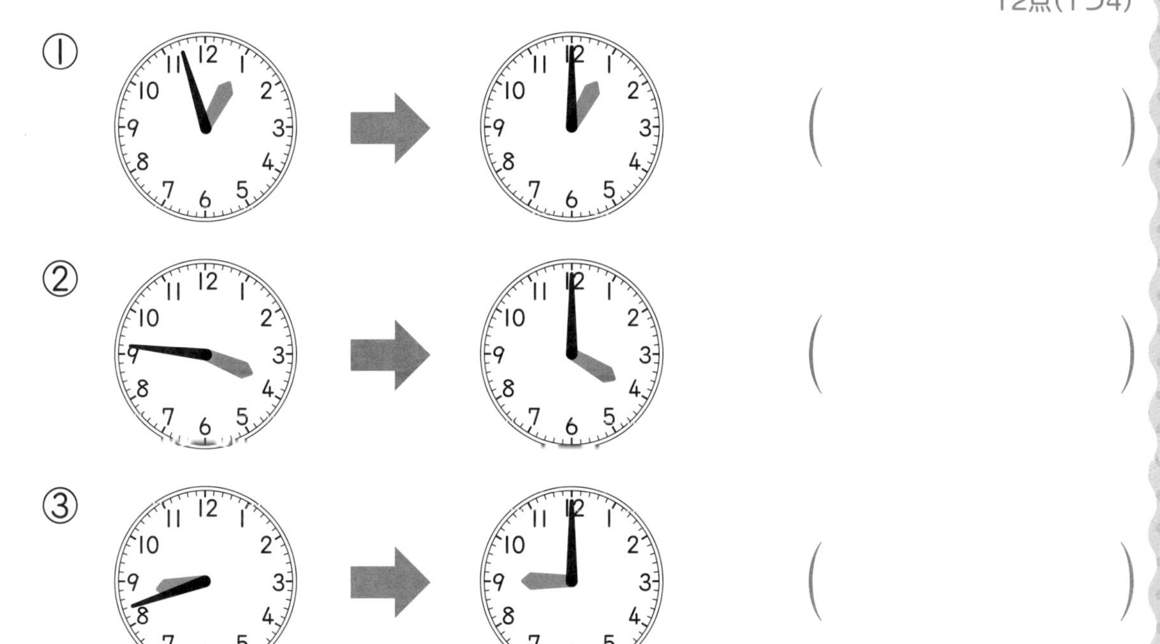

①　(　　　　)

②　(　　　　)

③　(　　　　)

3 左の　時こくから　右の　時こくまでの　時間は　何分ですか。

80点(1つ10)

①　②

(　　　　)　(　　　　)

③　④

(　　　　)　(　　　　)

⑤　⑥

(　　　　)　(　　　　)

⑦　⑧

(　　　　)　(　　　　)

左の　時計の　長い　はりの　目もりから　「12」までの　目もりの　数を　かぞえよう。かぞえまちがいに　ちゅういしてね。

月	日	時	分～	時	分

名前　　　　　　点

8 何分を　答えよう ⑤

1 左の　時こくから　右の　時こくまでの　時間は　何分ですか。□に　数を　かきましょう。

10点(□1つ5)

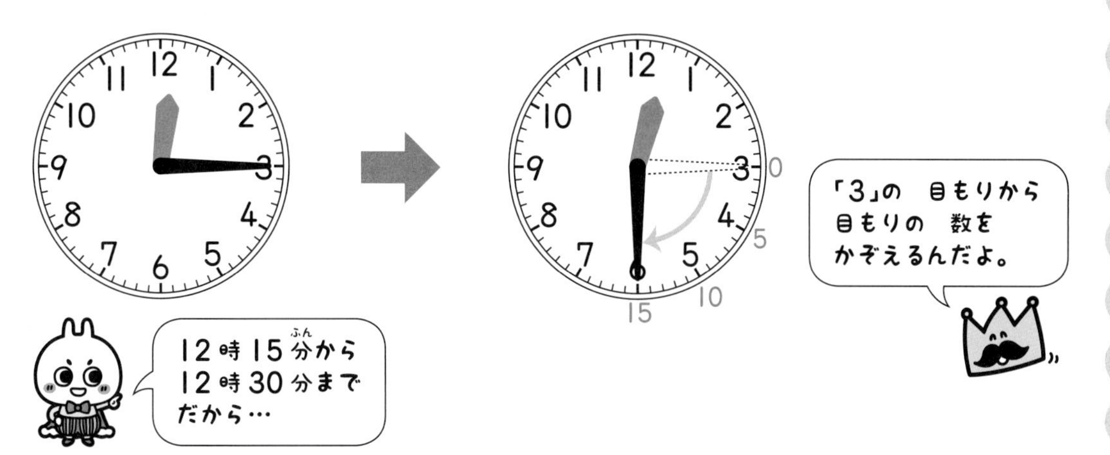

長い　はりが　[15]目もり　うごいたから　[15]分です。

2 左の　時こくから　右の　時こくまでの　時間は　何分ですか。

30点(1つ10)

① 0　5　10　15　20　　(20分)

② (　　　　)

③

(　　　　)

3 左の　時こくから　右の　時こくまでの　時間は　何分ですか。

60点（1つ10）

①

（　　　　）

②　（　　　　）

③　（　　　　）

④　（　　　　）

⑤　（　　　　）

⑥　（　　　　）

長い　はりが　何目もり　うごいたかを　よく　見よう。左の　時こくと　右の　時こくも　それぞれ　いえるように　して　おこう。

9 何分を　答えよう⑥

月　日	時　分～　時　分
名前	点

❶ 左の　時こくから　右の　時こくまでの　時間は　何分ですか。
□に　数を　かきましょう。

8点(□1つ4)

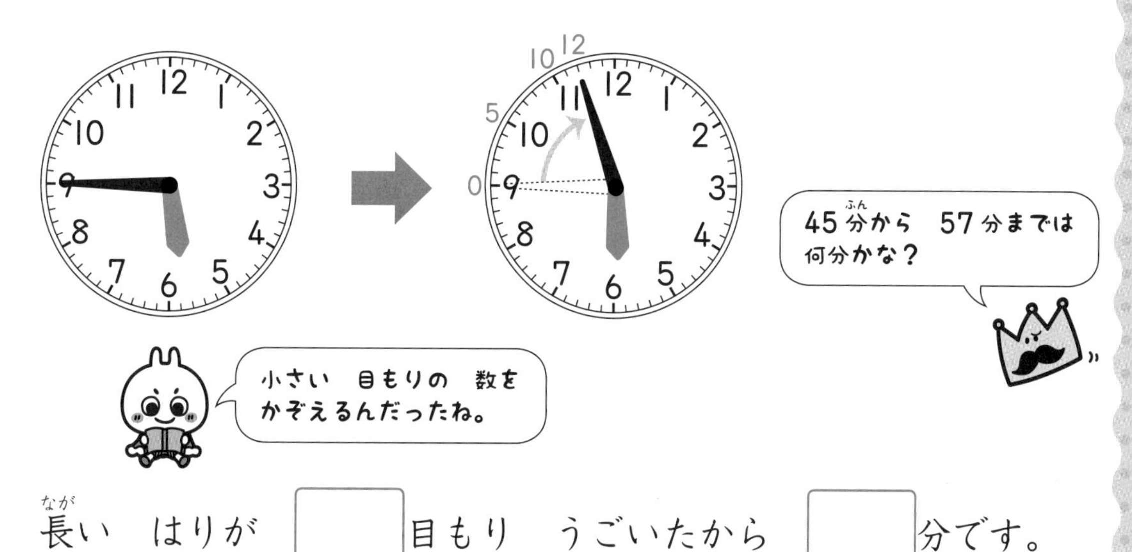

長い　はりが　□目もり　うごいたから　□分です。

❷ 左の　時こくから　右の　時こくまでの　時間は　何分ですか。

12点(1つ4)

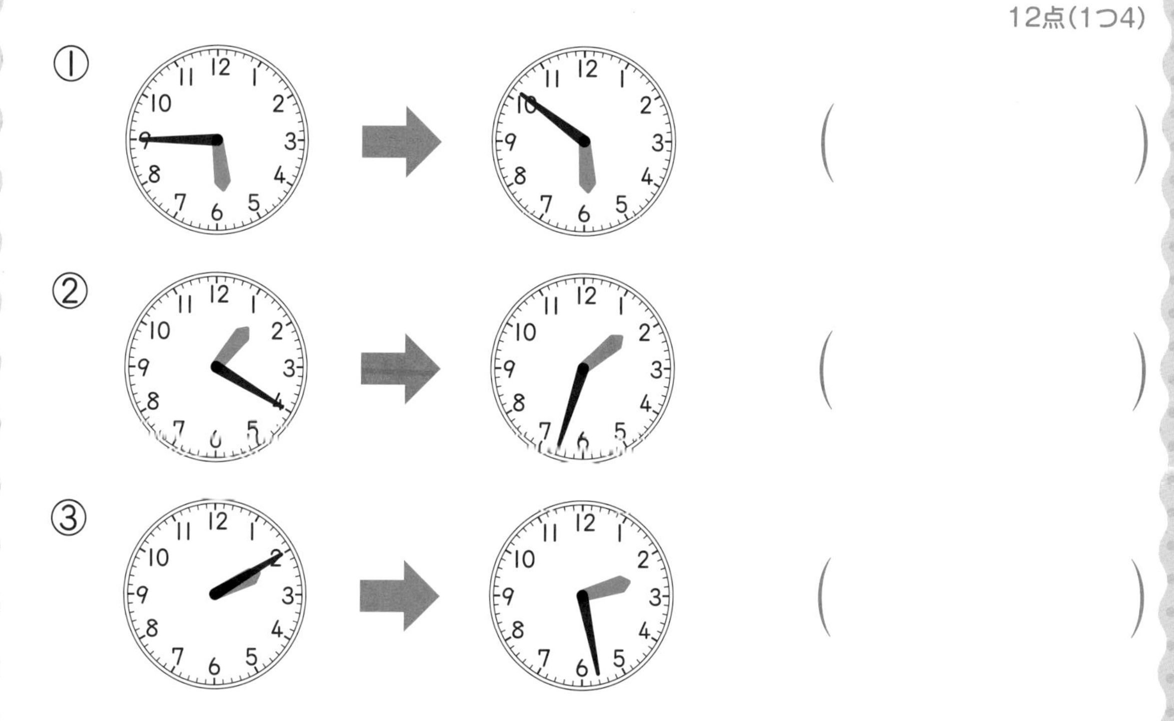

①（　　　）

②（　　　）

③（　　　）

❸ 左の　時こくから　右の　時こくまでの　時間は　何分ですか。

80点(1つ10)

①　②

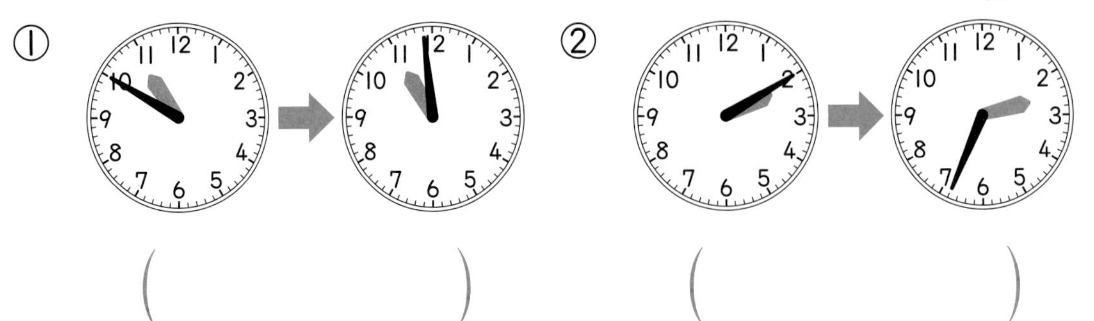

(　　　　　)　(　　　　　)

③　④

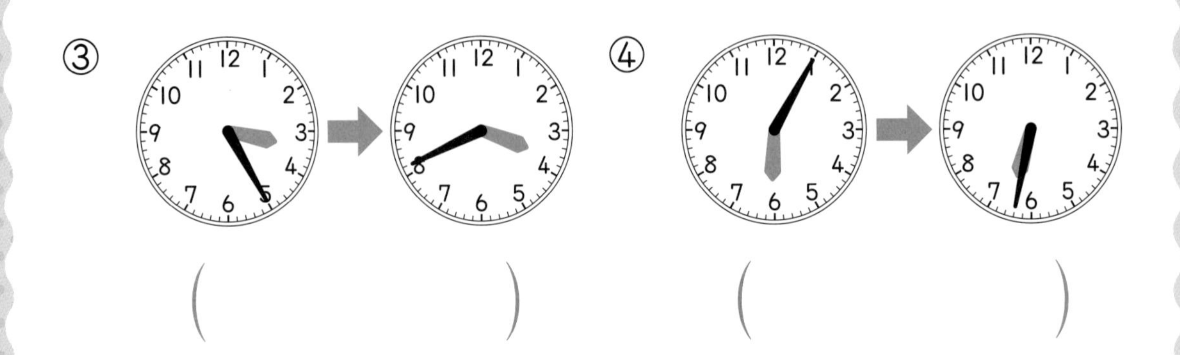

(　　　　　)　(　　　　　)

⑤　⑥

(　　　　　)　(　　　　　)

⑦　⑧

(　　　　　)　(　　　　　)

まず、左の　時こくと　右の　時こくを　よんで　みよう。それから、長い　はりが　何目もり　うごいたかを　考えよう。

月　日　時　分～　時　分

名前

点

10 何分を　答えよう ⑦

❶ 左の　時こくから　右の　時こくまでの　時間は　何分ですか。
□に　数を　かきましょう。　8点(□1つ4)

長い　はりが　□　目もり　うごいたから　□　分です。

❷ 左の　時こくから　右の　時こくまでの　時間は　何分ですか。　12点(1つ4)

① (　　　　)

② (　　　　)

③ (　　　　)

3 左の　時こくから　右の　時こくまでの　時間は　何分ですか。

80点(1つ10)

①　(　　　　)　　②　(　　　　)

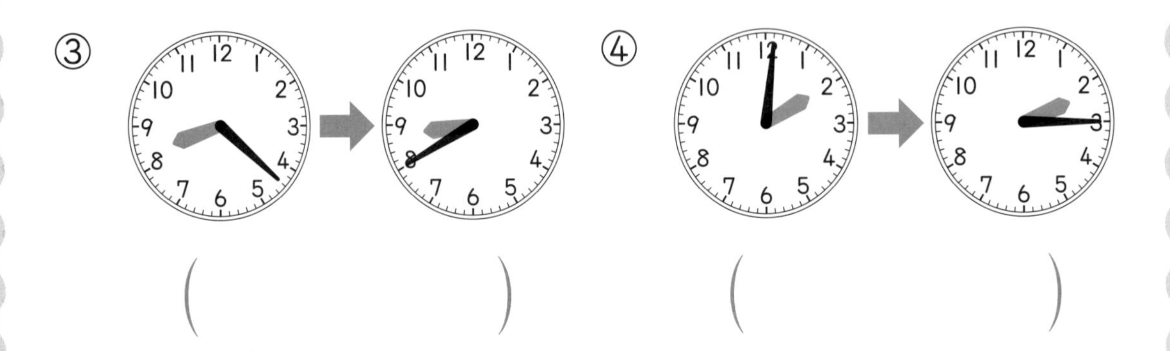

③　(　　　　)　　④　(　　　　)

⑤　(　　　　)　　⑥　(　　　　)

⑦　(　　　　)　　⑧　(　　　　)

時計の　はりは　右まわりに　うごくよ。
あわてないで　おちついて　とりくもう。

11 何分を　答えよう ⑧

月　日　時　分〜　時　分

名前

点

1 左の　時こくから　右の　時こくまでの　時間は　何分ですか。

36点(1つ6)

①

(　　　　)

長い　はりは　何目もり うごいたかな？

②

(　　　　)

③
(　　　　)

④

(　　　　)

⑤
(　　　　)

⑥
(　　　　)

❷ 左の 時こくから 右の 時こくまでの 時間は 何分ですか。

64点(1つ8)

① (　　　　　　)　② (　　　　　　)

③ (　　　　　　)　④ (　　　　　　)

⑤ (　　　　　　)　⑥ (　　　　　　)

⑦ (　　　　　　)　⑧ (　　　　　　)

長い はりが 何目もり うごいて いるかを きちんと かぞえよう。
目もりは 右まわりに かぞえるんだよ。

12 何分を　答えよう ⑨

1 時間を　答えましょう。

20点（1つ5）

① 3時から　3時30分までの　時間

（　　　　　　）

② 3時から　3時45分までの　時間

（　　　　　　）

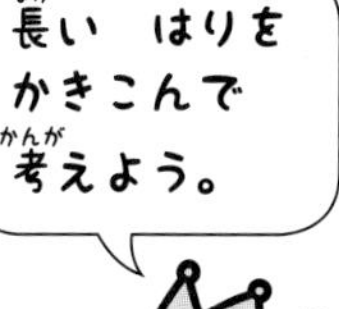

③ 2時50分から　3時までの　時間

（　　　　　　）

④ 2時20分から　3時までの　時間

（　　　　　　）

2 時間を　答えましょう。

20点（1つ5）

① 6時20分から　6時35分までの　時間

（　　　　　　）

② 6時20分から　6時50分までの　時間

（　　　　　　）

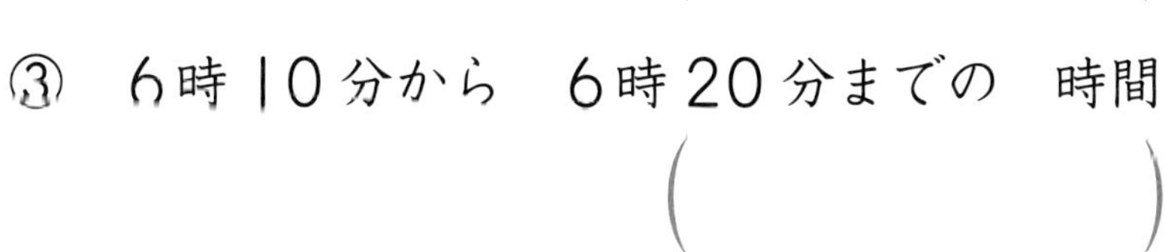

③ 6時10分から　6時20分までの　時間

（　　　　　　）

④ 6時5分から　6時20分までの　時間

（　　　　　　）

❸ 時間を　答えましょう。　40点(1つ8)

① 10時から　10時23分までの　時間

(　　　　　)

② 9時54分から　10時までの　時間

(　　　　　)

③ 9時38分から　10時までの　時間

(　　　　　)

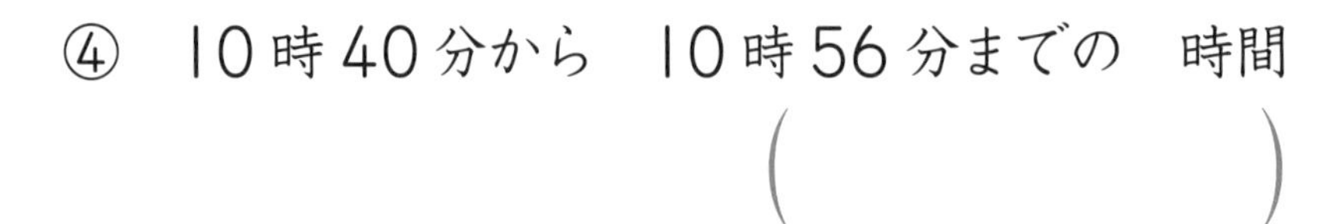

④ 10時40分から　10時56分までの　時間

(　　　　　)

⑤ 10時27分から　10時40分までの　時間

(　　　　　)

❹ 時間を　答えましょう。

20点(1つ5)

① 8時から　8時26分までの　時間

(　　　　　)

② 2時35分から　3時までの　時間

(　　　　　)

③ 11時30分から　11時50分までの　時間

(　　　　　)

④ 5時42分から　5時50分までの　時間

(　　　　　)

長い　はりが　うごいた　目もりの　数を　かぞえよう。
④は、自分で　時こくを　かきこんで　考えようね。

13 何時間を　答えよう ①

1 公園に　いた　時間は　何時間ですか。
□に　数を　かきましょう。　40点(□1つ10)

長い　はりが　ひとまわりして
いるよ。

公園に　ついた　時こくは　□時です。

公園を　出た　時こくは　□時です。

9時から　10時までに、長い　はりは　ひとまわりします。

長い　はりが　ひとまわりする　時間は　60分で、

60分は　1時間です。

1時間＝60分

1時間で、
長い　はりは　ひとまわり、
みじかい　はりは　時計の
数字　ひとつぶん
うごきます。

公園に　いた　時間は

□時間です。

❷ 左の　時こくから　右の　時こくまでの　時間は　何時間ですか。

60点(1つ10)

①

(　　　　)

②

(　　　　)

③

(　　　　)

④

(　　　　)

⑤

(　　　　)

⑥

(　　　　)

みじかい　はりが　時計の　数字　ひとつぶんだけ　うごいて　いるね。
この　間に　長い　はりは　ひとまわりするよ。

14 何時間を　答えよう②

月　日　時　分～　時　分

名前

点

1 左の　時こくから　右の　時こくまでの　時間は　何時間ですか。□に　数を　かきましょう。

10点(□1つ5)

みじかい　はりが　数字　2つぶん　うごいて　いるから
長い　はりは　2回　まわったよ。

6時から　8時までに、

長い　はりは　[2]回　まわるから　[2]時間です。

2 左の　時こくから　右の　時こくまでの　時間は　何時間ですか。

30点(1つ10)

①　（　　　　）

②　（　　　　）

③　（　　　　）

3 左の　時こくから　右の　時こくまでの　時間は　何時間ですか。

60点（1つ10）

①

（　　　　）

②

（　　　　）

③

（　　　　）

④

（　　　　）

⑤

（　　　　）

⑥

（　　　　）

みじかい　はりが　時計の　数字　ひとつぶん　うごくと　１時間、ふたつぶん　うごくと　２時間、みっつぶんだと　３時間だね。

15 何時間を　答えよう③

月　日　時　分～　時　分

名前

点

1 □に　数を　かきましょう。　20点(□1つ5)

① 2時から　3時までの　時間は

□時間です。

1時間は、長い　はりが
ひとまわりする　時間です。

1時間は　□分です。

② 2時から　4時までの　時間は

□時間です。

2時間で、みじかい　はりは
時計の　数字　□つぶん
うごきます。

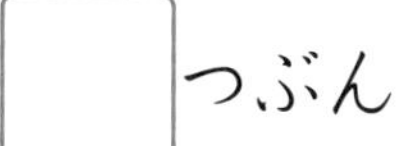

2 つぎの　時間は　何時間ですか。　20点(1つ5)

① 6時から　7時までの　時間

(　　　　　　)

② 6時から　8時までの　時間

(　　　　　　)

③ 6時から　9時までの　時間

(　　　　　　)

④ 6時から　10時までの　時間

(　　　　　　)

みじかい　はりが
うごいた　数字で
考えよう。

❸ つぎの　時間は　何時間ですか。

60点(1つ6)

① 5時から　8時までの　時間

ひき算が
つかえそうだね。

(　　　　　　)

② 11時から　12時までの　時間

(　　　　　　)

③ 6時から　11時までの　時間　(　　　　　　)

④ 1時から　5時までの　時間　(　　　　　　)

⑤ 4時から　6時までの　時間　(　　　　　　)

⑥ 10時から　11時までの　時間　(　　　　　　)

⑦ 9時から　12時までの　時間　(　　　　　　)

⑧ 5時から　7時までの　時間　(　　　　　　)

⑨ 3時から　4時までの　時間　(　　　　　　)

⑩ 2時から　6時までの　時間　(　　　　　　)

みじかい　はりは、1時間で　時計の　数字　ひとつぶん　うごくよ。
「何時間」は、ひき算でも　もとめる　ことが　できるね。

16 まとめの テスト

月　日　もくひょう時間 15 分

名前

点

1 左の 時こくから 右の 時こくまでの 時間は 何分ですか。

30点(1つ5)

① (　　　)

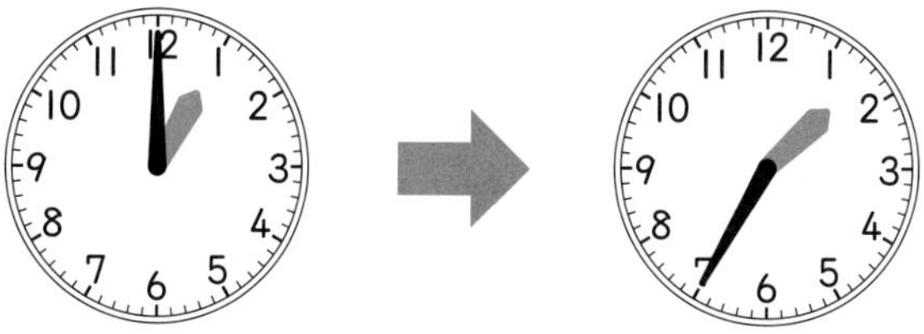

② (　　　)

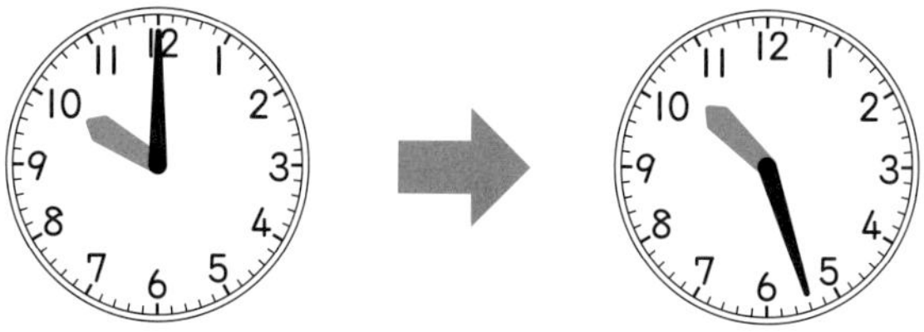

③ (　　　)

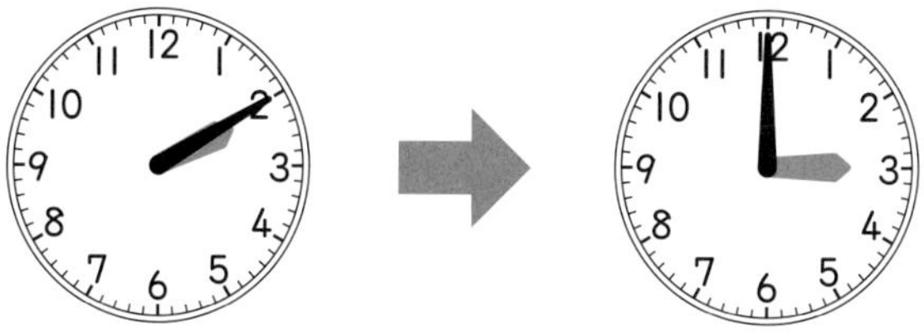

④ (　　　)

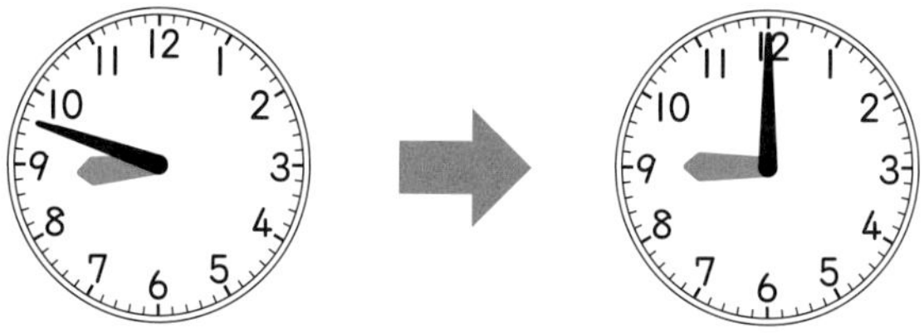

⑤ (　　　)

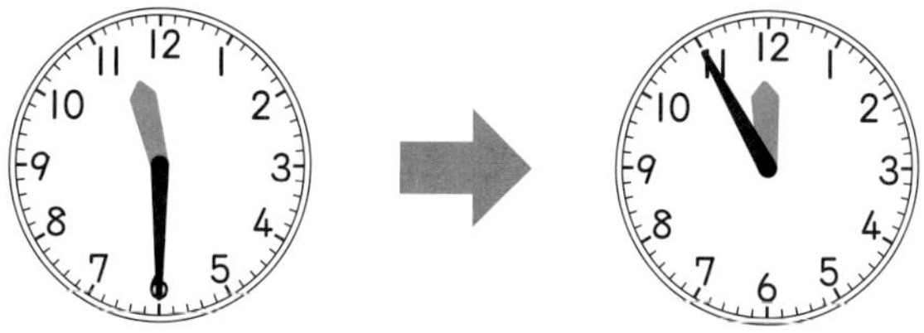

⑥ (　　　)

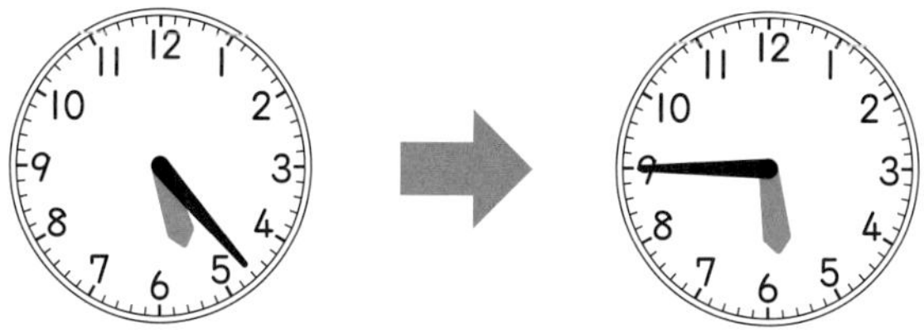

2 つぎの　時間(じかん)は　何分(なんぷん)ですか。　40点(てん)(1つ8)

① 7時から　7時40分までの　時間
（　　　　　）

② 1時25分(ふん)から　2時までの　時間（　　　　　）

③ 10時20分から　10時40分までの　時間（　　　　　）

④ 3時15分から　3時28分までの　時間（　　　　　）

⑤ 4時27分から　4時30分までの　時間（　　　　　）

3 つぎの　時間は　何時間ですか。　30点(1つ6)

① 7時から　8時までの　時間
（　　　　　）

② 1時から　2時までの　時間（　　　　　）

③ 9時から　11時までの　時間（　　　　　）

④ 2時から　4時までの　時間（　　　　　）

⑤ 6時から　9時までの　時間（　　　　　）

月	日	時	分～	時	分

名前

点

17 時こくを　答えよう ①

1 いま　10時です。□に　数を　かきましょう。 10点（□1つ5）

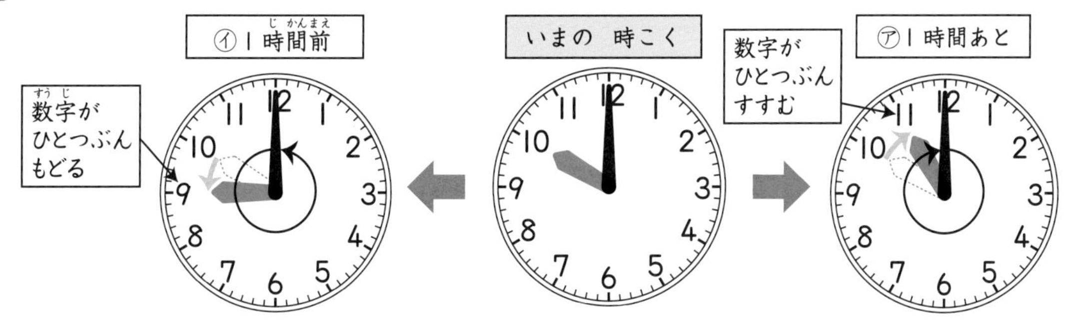

㋐　|時間あとの　時こく
長い　はりが　右むきに　ひとまわりします。
みじかい　はりの　数字が　ひとつぶん　すすんで
□時に　なります。

㋑　|時間前の　時こく
長い　はりが　左むきに　ひとまわりします。
みじかい　はりの　数字が　ひとつぶん　もどって
□時です。

2 いま　5時です。つぎの　時こくを　答えましょう。 10点（1つ5）

㋐　|時間あと

（　　　　　　）

㋑　|時間前

（　　　　　　）

長い　はりが　左むきに　ひとまわり　すると　|時間前の　時こくに　なるね。

3 つぎの 時こくの 1時間あとと 1時間前の 時こくを 答えましょう。

80点(1つ8)

①

㋐ 1時間あと ( )

㋑ 1時間前 ( )

②

㋐ 1時間あと ( )

㋑ 1時間前 ( )

③

㋐ 1時間あと ( )

㋑ 1時間前 ( )

④

㋐ 1時間あと ( )

㋑ 1時間前 ( )

⑤

㋐ 1時間あと ( )

㋑ 1時間前 ( )

1時間あとは、長い はりを 右むきに ひとまわり まわすよ。
1時間前は、長い はりを 左むきに ひとまわり まわすよ。

18 時こくを　答えよう ②

月　日　時　分～　時　分
名前
点

❶ いま　3時30分です。□に　数を　かきましょう。 20点(□1つ5)

㋐　1時間あとの　時こく
長い　はりが　右むきに
ひとまわりします。

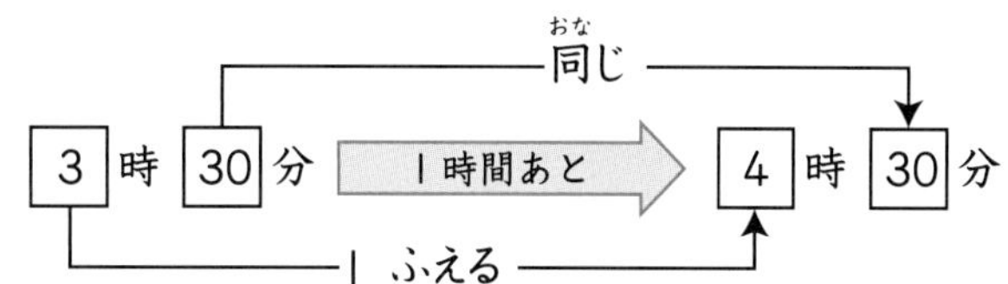

[4]時[30]分に　なります。

④　1時間前の　時こく
長い　はりが　左むきに
ひとまわりします。

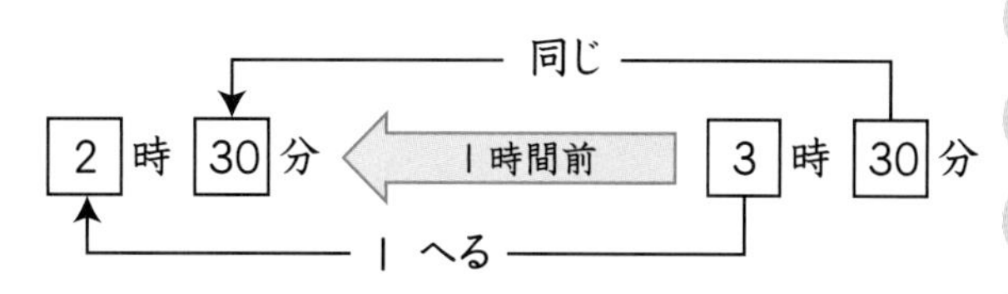

[　]時[　]分です。

❷ いま　10時45分です。つぎの　時こくを　答えましょう。
10点(1つ5)

㋐　1時間あと

(　　　　　)

④　1時間前

(　　　　　)

1時間あとでも　1時間前でも
「○分」は　かわらないね。

3 つぎの　時こくの　１時間あとと　１時間前の　時こくを答えましょう。

70点(1つ7)

①

㋐　１時間あと（　　　　　）

㋑　１時間前（　　　　　）

②

㋐　１時間あと（　　　　　）

㋑　１時間前（　　　　　）

③

㋐　１時間あと（　　　　　）

㋑　１時間前（　　　　　）

④

㋐　１時間あと（　　　　　）

㋑　１時間前（　　　　　）

⑤

㋐　１時間あと（　　　　　）

㋑　１時間前（　　　　　）

まず、図の　時計を　正しく　よもう。それから　１時間あとと　１時間前の　時こくを　もとめよう。

月　日　時　分～　時　分

名前

点

19 時こくを　答えよう ③

1 いま　4時です。2時間あとの　時こくと　2時間前の　時こくを　答えましょう。

20点(1つ10)

㋐　2時間あと

㋑　2時間前

長い　はりは　何回　まわるのかな？

「2時間あと」の　ときは　右むきに　2回、
「2時間前」の　ときは　左むきに　2回　まわります。

（　6時　）　（　　　）

2 つぎの　時こくの　2時間あとと　2時間前の　時こくを　答えましょう。

30点(1つ5)

①

㋐　2時間あと（　　　）

㋑　2時間前（　　　）

②

㋐　2時間あと（　　　）

㋑　2時間前（　　　）

③

㋐　2時間あと（12時30分）

㋑　2時間前（　　　）

3 つぎの　時(じ)こくの　3時間(じかん)あとと　3時間前(まえ)の　時こくを答(こた)えましょう。

50点(てん)(1つ5)

①

㋐　3時間あと　(　　　　　)

㋑　3時間前　(　　　　　)

②

㋐　3時間あと　(　　　　　)

㋑　3時間前　(　　　　　)

③

㋐　3時間あと　(　　　　　)

㋑　3時間前　(　　　　　)

④

㋐　3時間あと　(　　　　　)

㋑　3時間前　(　　　　　)

⑤

㋐　3時間あと　(　　　　　)

㋑　3時間前　(　　　　　)

3時間あとの　時こくや　3時間前の　時こくは、長い　はりを　3回まわして　考(かんが)えよう。みじかい　はりは　どう　うごくかな。

20 時こくを　答えよう ④

月	日	時	分〜	時	分

名前　　　　点

❶ いま　7時15分です。30分あとの　時こくは　何時何分ですか。□に　数を　かきましょう。　10点(□1つ5)

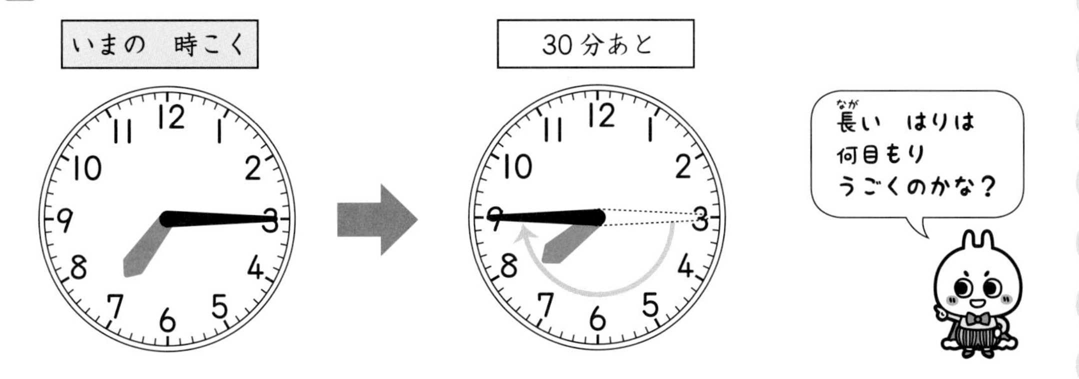

長い　はりが　右まわりに　[30]目もり　うごくので、

7時[45]分に　なります。

❷ いま　3時35分です。30分前の　時こくは　何時何分ですか。□に　数を　かきましょう。　10点(□1つ5)

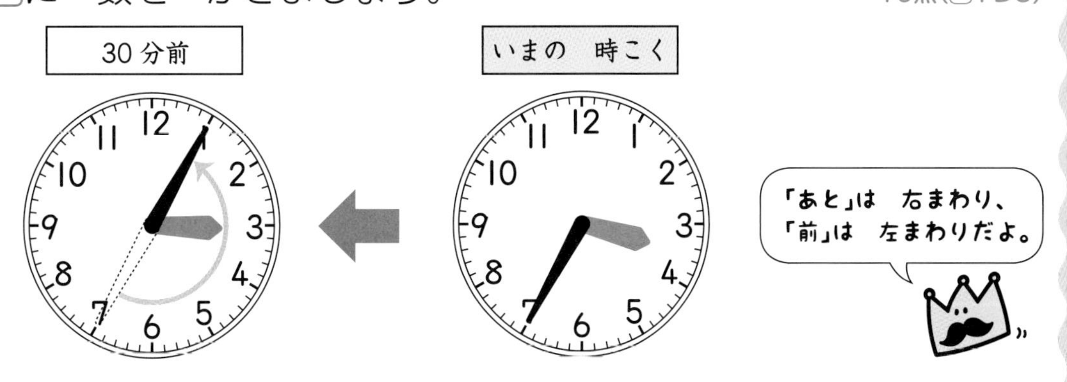

長い　はりが　左まわりに　[　]目もり　もどるので、

3時[　]分です。

3 つぎの　時こくの　30分あとの　時こくを　答えましょう。

40点(1つ10)

①

(　　　　　)

②

(　　　　　)

③

(　　　　　)

④

(　　　　　)

4 つぎの　時こくの　30分前の　時こくを　答えましょう。

40点(1つ10)

①

(　　　　　)

②

(　　　　　)

③

(　　　　　)

④

(　　　　　)

30分あとと　30分前では　長い　はりを　うごかす　むきが
ちがうので　気を　つけよう。

21 時こくを　答えよう⑤

1 いま　5時30分です。20分あとと　20分前の　時こくを答えましょう。□に　数を　かきましょう。　16点(□1つ4)

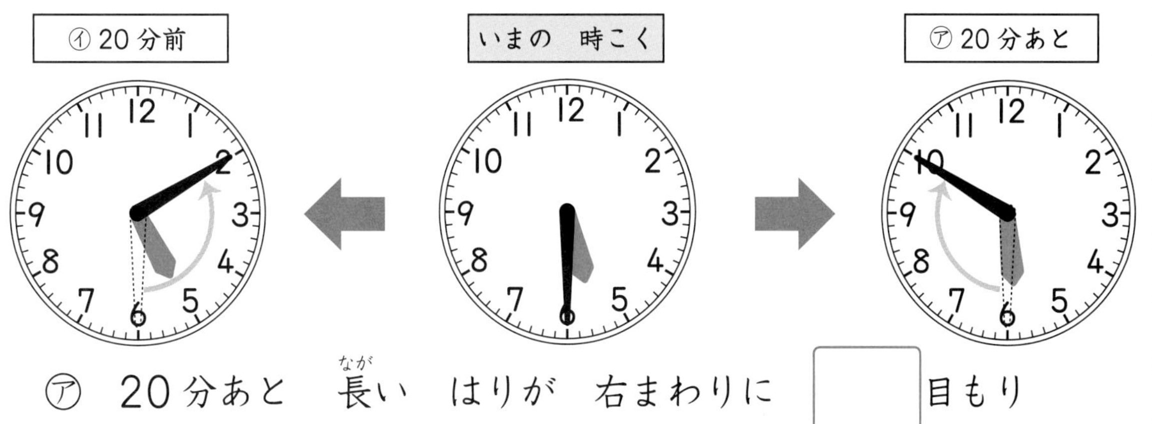

㋐　20分あと　長い　はりが　右まわりに　□目もり

うごいて　5時□分です。

㋑　20分前　長い　はりが　左まわりに

□目もり　もどって　5時□分です。

はりを
5分、10分、15分、…と
5分ずつ　うごかそう。

2 つぎの　時こくの　20分あとと　20分前の　時こくを答えましょう。　28点(1つ7)

①

㋐　20分あと　(　　　　　)

㋑　20分前　(　　　　　)

②

㋐　20分あと　(　　　　　)

㋑　20分前　(　　　　　)

3 つぎの　時こくの　20 分あとと　30 分あとの　時こくを答えましょう。

28点(1つ7)

①

㋐　20 分あと　(　　　　　　)

㋑　30 分あと　(　　　　　　)

②

㋐　20 分あと　(　　　　　　)

㋑　30 分あと　(　　　　　　)

4 つぎの　時こくの　20 分前と　30 分前の　時こくを答えましょう。

28点(1つ7)

①

㋐　20 分前　(　　　　　　)

㋑　30 分前　(　　　　　　)

②

長い　はりは
左まわりに
うごかすよ。

㋐　20 分前　(　　　　　　)

㋑　30 分前　(　　　　　　)

20 分は　20 目もり、30 分なら　30 目もり　うごくよ。右まわりか左まわりかに　ちゅういしてね。

時こくを　答えよう ⑥

月　日　時　分～　時　分

名前

点

1 6時45分の　30分あとの　時こくを　答えましょう。
□に　数を　かきましょう。　16点(□1つ4)

長い　はりが　右まわりに　30目もり　うごくと、時計の

数字の「9」から「12」を　通って「3」まで　うごきます。

このとき、みじかい　はりは「7」を　通りすぎるので、

□時□分に　なります。

2 8時20分の　30分前の　時こくを　答えましょう。　4点

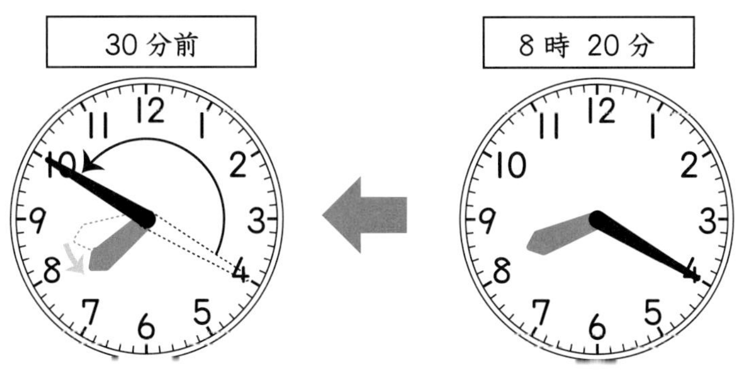

(7時50分)

長い　はりが「12」を
通ったら、「何時」が
かわります。

❸ つぎの　時こくの　30 分あとの　時こくを　答えましょう。

40点(1つ10)

①（　　　　）

②（　　　　）

③（　　　　）

④（　　　　）

❹ つぎの　時こくの　30 分前の　時こくを　答えましょう。

40点(1つ10)

①（　　　　）

②（　　　　）

③（　　　　）

④（　　　　）

長い　はりが　「12」を　通ると　「何時」が　かわるよ。
みじかい　はりの　うごきに　ちゅういしよう。

23 時こくを　答えよう ⑦

月　日	時　分～　時　分
名前	点

1 つぎの　時こくの　30分あとの　時こくを　答えましょう。

20点(1つ5)

①

(　　　　　)

②

(　　　　　)

③

(　　　　　)

④

(　　　　　)

2 つぎの　時こくの　30分前の　時こくを　答えましょう。

20点(1つ5)

①

(　　　　　)

②

(　　　　　)

③

(　　　　　)

④

(　　　　　)

3 下の　時計の　図で、つぎの　時こくを　答えましょう。

60点(1つ10)

①

30分あとの　時こく

(　　　　　　　)

②

30分あとの　時こく

(　　　　　　　)

③

30分あとの　時こく

(　　　　　　　)

④

30分前の　時こく

(　　　　　　　)

⑤

30分前の　時こく

(　　　　　　　)

⑥

30分前の　時こく

(　　　　　　　)

長い　はりが　右まわりに　半分　まわると、30分あとの　時こくに　なるよ。左まわりに　半分　まわると、30分前の　時こくに　なるよ。

月　日　時　分～　時　分

名前

点

24 時こくを　答えよう ⑧

1 いま　7時30分です。つぎの　時こくを　答えましょう。

20点(1つ5)

「あと」の　ときは　長い　はりを　右まわりに、
「前」の　ときは　長い　はりを　左まわりに
うごかせば　いいよ。

① 1時間あと

(　　　　　　)

② 1時間前

(　　　　　　)

③ 2時間あと

(　　　　　　)

④ 2時間前

(　　　　　　)

2 いま　8時25分です。つぎの　時こくを　答えましょう。

20点(1つ5)

長い　はりを　5分ずつ
うごかして…

① 30分あと

(　　　　　　)

② 30分前

(　　　　　　)

③ 20分あと

(　　　　　　)

④ 20分前

(　　　　　　)

3 下の　時計の　図で、つぎの　時こくを　答えましょう。

60点(1つ5)

①

㋐　1時間あと　（　　　　　）

㋑　1時間前　（　　　　　）

㋒　30分あと　（　　　　　）

㋓　30分前　（　　　　　）

②

㋐　1時間あと　（　　　　　）

㋑　1時間前　（　　　　　）

㋒　20分あと　（　　　　　）

㋓　30分前　（　　　　　）

③

㋐　2時間あと　（　　　　　）

㋑　2時間前　（　　　　　）

㋒　30分あと　（　　　　　）

㋓　20分前　（　　　　　）

これまでに　ならった　ことを　思い出して　やって　みよう。「あと」と「前」で　はりが　まわる　むきが　ちがうので　気を　つけよう。

25 時こくを　答えよう ⑨

月　日　時　分〜　時　分

名前　　点

❶ 下の　時計の　図で、つぎの　時こくを　答えましょう。

40点(1つ5)

①

㋐　1時間あと　(　　　　)

㋑　1時間前　(　　　　)

㋒　30分あと　(　　　　)

㋓　30分前　(　　　　)

②

㋐　1時間あと　(　　　　)

㋑　2時間あと　(　　　　)

㋒　30分あと　(　　　　)

㋓　20分前　(　　　　)

長い　はりが　ひとまわりすると　1時間で、
2回　まわると　2時間だったね。

2 下の　時計(とけい)の　図(ず)で、つぎの　時(じ)こくを　答(こた)えましょう。

60点(てん)(1つ5)

①

㋐　1時間(じかん)あと　(　　　　　)

㋑　1時間前(まえ)　(　　　　　)

㋒　30分(ぷん)あと　(　　　　　)

㋓　30分前　(　　　　　)

②

㋐　1時間あと　(　　　　　)

㋑　1時間前　(　　　　　)

㋒　20分あと　(　　　　　)

㋓　30分前　(　　　　　)

③

㋐　1時間前　(　　　　　)

㋑　30分あと　(　　　　　)

㋒　30分前　(　　　　　)

㋓　20分前　(　　　　　)

20分あとや　20分前の　時こくは、5分(ふん)ずつ　はりを　うごかして　考(かんが)えよう。長(なが)い　はりが　「12」を　通(とお)ったら、「何時(なんじ)」に　ちゅうい！

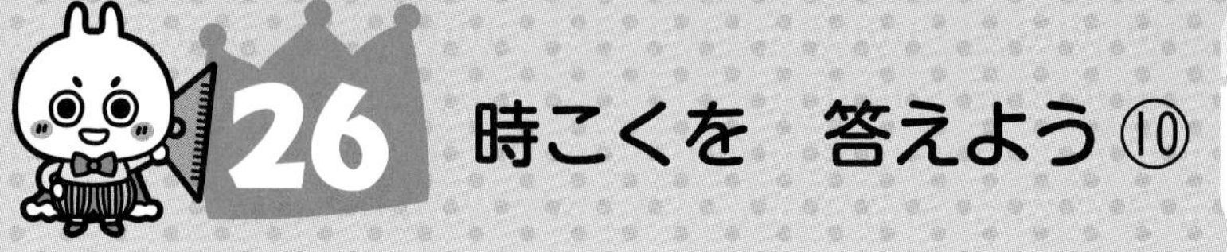

26 時こくを 答えよう ⑩

月 日 時 分～ 時 分

名前

点

❶ つぎの 時こくを 答えましょう。 50点(1つ5)

① 3時30分の 1時間あとと 1時間前

㋐ 1時間あと （　　　　） ㋑ 1時間前 （　　　　）

② 10時5分の 1時間あとと 1時間前

㋐ 1時間あと （　　　　） ㋑ 1時間前 （　　　　）

③ 6時45分の 1時間あとと 1時間前

㋐ 1時間あと （　　　　） ㋑ 1時間前 （　　　　）

④ 5時の 2時間あとと 2時間前

㋐ 2時間あと （　　　　） ㋑ 2時間前 （　　　　）

長い はりが 2回 まわるよ。

⑤ 7時30分の 3時間あとと 3時間前

㋐ 3時間あと （　　　　） ㋑ 3時間前 （　　　　）

❷ つぎの　時こくを　答えましょう。

50点(1つ5)

① 2時35分の　30分あとと　30分前

㋐ 30分あと　　㋑ 30分前

(　　　)　(　　　)

② 4時10分の　30分あとと　30分前

㋐ 30分あと　　㋑ 30分前

(　　　)　(　　　)

③ 9時50分の　30分あとと　30分前

㋐ 30分あと　　㋑ 30分前

(　　　)　(　　　)

④ 12時25分の　20分あとと　20分前

㋐ 20分あと　　㋑ 20分前

(　　　)　(　　　)

⑤ 8時20分の　20分あとと　20分前

㋐ 20分あと　　㋑ 20分前

(　　　)　(　　　)

みじかい
はりの
うごきに
ちゅうい！

頭の　中に　時計を　思いうかべて　考えて　みよう。どうしても
わからない　ときは　右上の　図を　つかってね。

27 まとめの テスト

月　日　もくひょう時間 15分

名前　　　点

1 下の 時計の 図で、つぎの 時こくを 答えましょう。

30点(1つ5)

①

㋐ 1時間あと (　　　)

㋑ 1時間前 (　　　)

②

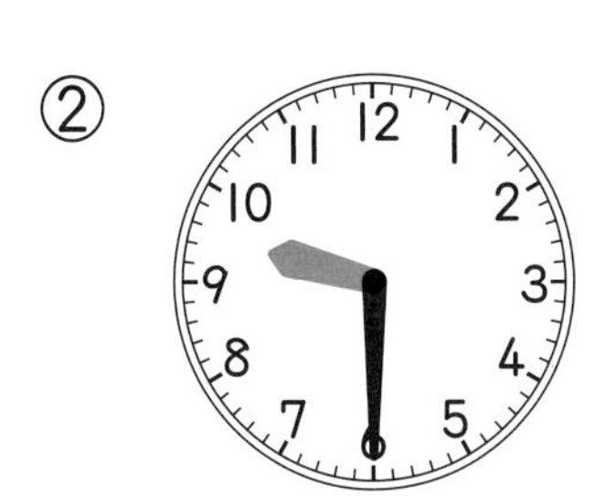

㋐ 2時間あと (　　　)

㋑ 2時間前 (　　　)

③

㋐ 30分あと (　　　)

㋑ 30分前 (　　　)

2 いま 7時50分です。つぎの 時こくを 答えましょう。

20点(1つ5)

① 1時間あと (　　　)

② 1時間前 (　　　)

③ 30分あと (　　　)

④ 20分前 (　　　)

3 つぎの　時こくを　答えましょう。　30点(1つ5)

① 8時10分の　1時間あとと　1時間前

㋐ 1時間あと　（　　　　）

㋑ 1時間前　（　　　　）

② 6時30分の　3時間あとと　3時間前

㋐ 3時間あと　（　　　　）

㋑ 3時間前　（　　　　）

③ 1時45分の　30分あとと　30分前

㋐ 30分あと　（　　　　）

㋑ 30分前　（　　　　）

4 いま　10時20分です。つぎの　時こくを　答えましょう。　20点(1つ5)

① 1時間あと　（　　　　）

② 1時間前　（　　　　）

③ 30分前　（　　　　）

④ 20分あと　（　　　　）

28 時間と　分の かんけい①

月　日　時　分～　時　分

名前

点

❶ １時間 30 分は　何分ですか。□に　数を　かきましょう。

18点(□1つ6)

１時間は [60] 分です。

１時間 30 分は、１時間と　30 分だから、

60 分と　30 分で [90] 分です。

１時間 30 分＝□分
（60 分）

「何時間何分」を　「何分」と あらわすことが　できるんだね。

１時間＝60 分を つかおう。

❷ 75 分は　何時間何分ですか。□に　数を　かきましょう。

18点(□1つ6)

60 分は [１] 時間です。

75 分は、60 分と　15 分だから、

１時間と　15 分で　１時間□分です。

75 分＝１時間□分

75 分＝60 分＋15 分
（１時間）

3 □に　数を　かきましょう。　32点(1つ4)

① Ⅰ時間＝□分　② Ⅰ時間 20 分＝□分

③ Ⅰ時間 40 分＝□分　④ Ⅰ時間 10 分＝□分

⑤ Ⅰ時間 50 分＝□分　⑥ Ⅰ時間 30 分＝□分

⑦ Ⅰ時間 5 分＝□分　⑧ Ⅰ時間 25 分＝□分

4 □に　数を　かきましょう。　32点(1つ4)

① 60 分＝□時間　② 90 分＝□時間□分

③ 80 分＝□時間□分　④ 110 分＝□時間□分

⑤ 70 分＝□時間□分　⑥ 100 分＝□時間□分

⑦ 85 分＝□時間□分　⑧ 65 分＝□時間□分

Ⅰ時間＝60 分を　しっかり　おぼえよう。
④は、○分を　60 分と　△分に　わけて　考えよう。

29 時間と　分の　かんけい ②

月　日	時　分～　時　分
名前	点

❶ □に　数を　かきましょう。　24点(1つ4)

① 1時間＝□分　② 1時間30分＝□分

③ 1時間50分＝□分　④ 1時間20分＝□分

⑤ 1時間40分＝□分　⑥ 1時間10分＝□分

❷ □に　数を　かきましょう。　24点(1つ4)

① 1時間35分＝□分　② 1時間15分＝□分

③ 1時間45分＝□分　④ 1時間25分＝□分

⑤ 1時間5分＝□分　⑥ 1時間55分＝□分

1時間＝60分を　つかって、1時間○分を
60分＋○分と　考えよう。

3 □に 数(かず)を かきましょう。 28点(てん)(1つ4)

① 60分(ぷん)＝□時間(じかん)　② 90分＝□時間□分

③ 110分＝□時間□分　④ 70分＝□時間□分

⑤ 100分＝□時間□分　⑥ 80分＝□時間□分

⑦ 120分＝□時間

120分は　60分と　60分だよ。
60分＝1時間だから、
1時間と　1時間で…

4 □に 数を かきましょう。 24点(1つ4)

① 115分(ふん)＝□時間□分　② 85分＝□時間□分

③ 95分＝□時間□分　④ 65分＝□時間□分

⑤ 75分＝□時間□分　⑥ 105分＝□時間□分

1時間＝60分を　もとにして、たし算(さん)や　ひき算を　つかって
考(かんが)えて　みよう。

午前と　午後

月　日　時　分～　時　分

名前

点

❶ 下の　図を　見て、□に　ことばや　数を　かきましょう。

80点(□1つ10)

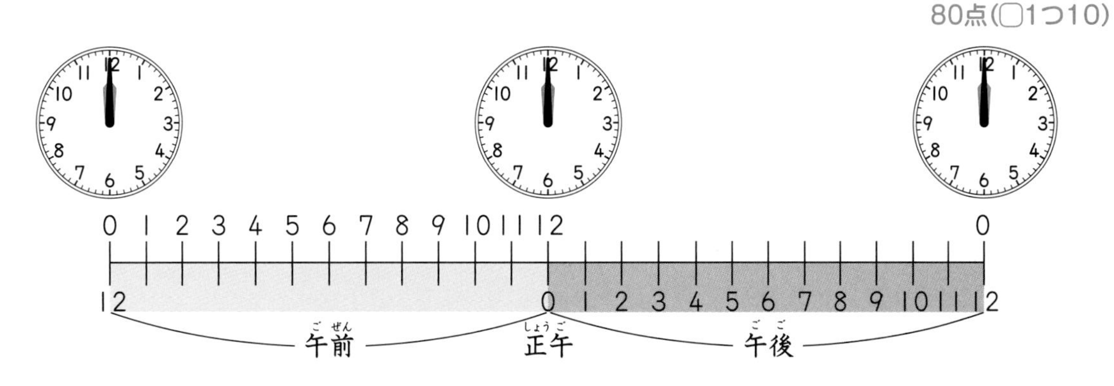

① 夜の　0時から　昼の　12時までを　[午前]と　いいます。

② 昼の　0時から　夜の　12時までを　[午後]と　いいます。

③ 昼の　12時の　ことを　[正午]と　いいます。

午前12時は　午後[　　]時とも　いいます。

午後12時は　午前[　　]時とも　いいます。

④ 午前は　[12]時間です。

⑤ 午後は　[　　]時間です。

⑥ 1日は　[　　]時間です。

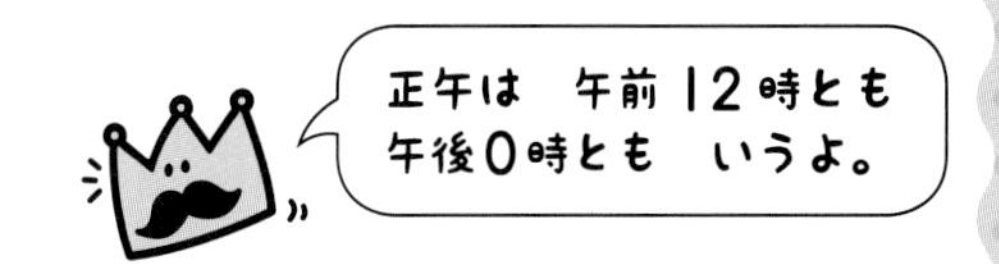

❷ 下の　図を　見て　答えましょう。

20点(1つ5)

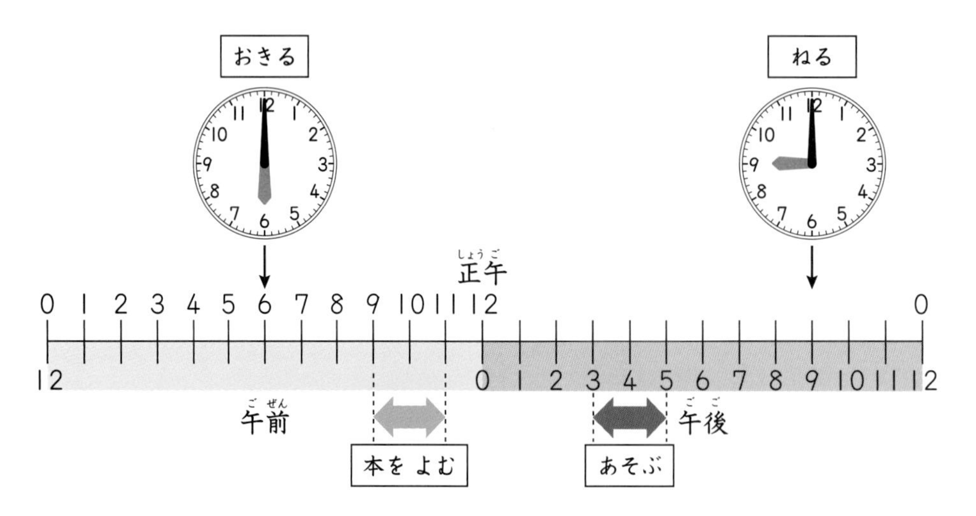

① おきた　時こくは　午前、午後の　どちらですか。

(　　　　　)

② ねた　時こくは　午前、午後の　どちらですか。

(　　　　　)

③ 本を　よんで　いたのは　午前、午後の　どちらですか。

(　　　　　)

④ あそんで　いたのは　午前、午後の　どちらですか。

(　　　　　)

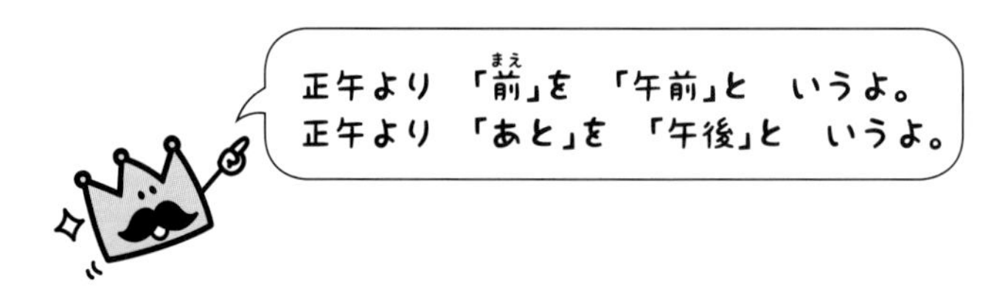

１日は　24時間で、午前と　午後が　あるよ。午前は　12時間で
午後も　12時間である　ことを　おぼえて　おこう。

31 時間の　たんい

1 □に　数を　かきましょう。　60点(1つ6)

① 1時間＝□分　　② 1時間30分＝□分

③ 1時間40分＝□分　　④ 1時間25分＝□分

⑤ 1時間55分＝□分　　⑥ 60分＝□時間

⑦ 70分＝□時間□分　　⑧ 110分＝□時間□分

⑨ 65分＝□時間□分　　⑩ 95分＝□時間□分

2 □に　数を　かきましょう。　15点(1つ5)

① 午前は□時間　　② 午後は□時間

③ 1日は□時間

1日は、午前が　12時間と
午後が　12時間で　24時間だね。

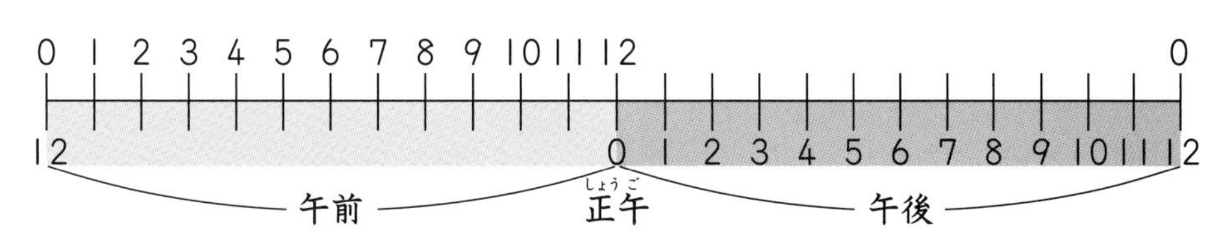

❸ □に　ことばや　数を　かきましょう。

25点(1つ5)

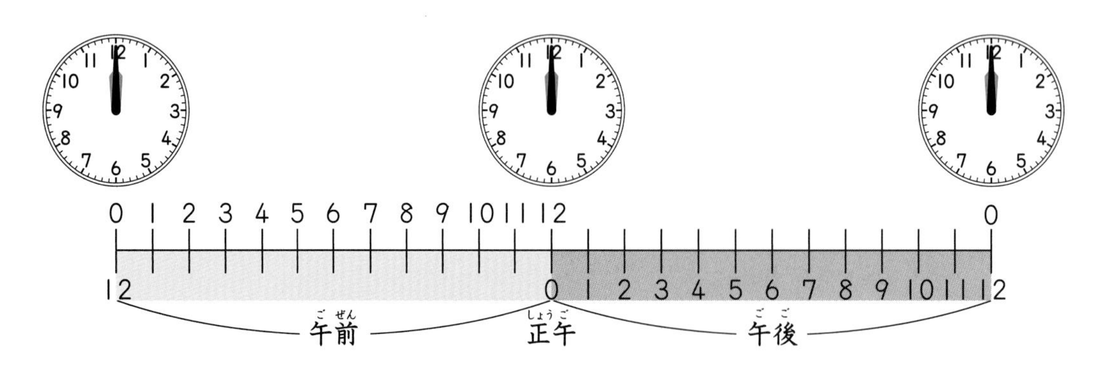

① 昼の　12時の　ことを □ と　いいます。

② 夜の　0時から　昼の　12時までを □ と　いいます。

③ 昼の　0時から　夜の　12時までを □ と　いいます。

④ 午前12時は　午後□時とも　いいます。

⑤ 時計の　みじかい　はりは　1日に □ 回　まわります。

時計の　みじかい　はりは、午前0時から　正午までに　ひとまわりするよ。
正午から　午後12時までにも　ひとまわりするよ。

1時間＝60分と　1日＝24時間を　しっかり　おぼえよう。
1日は　午前0時に　はじまり、午後12時に　おわるよ。

午前や 午後を つけて 時こくを 答えよう

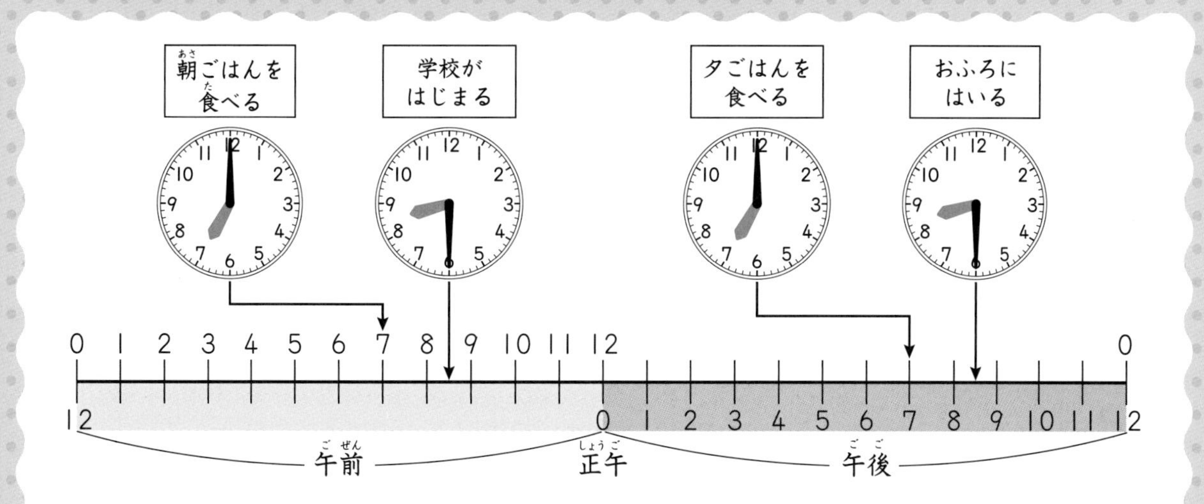

1 上の 図を 見て、□に 午前、午後の ことばを かきましょう。

20点(□1つ10)

朝ごはんを 食べた 時こくは  7時です。

夕ごはんを 食べた 時こくは  7時です。

どっちも 7時だね。

2 上の 図を 見て、つぎの 時こくを 午前、午後を つけて 答えましょう。

20点(1つ10)

① 学校が はじまる 時こく （　　　　　）

② おふろに はいる 時こく （　　　　　）

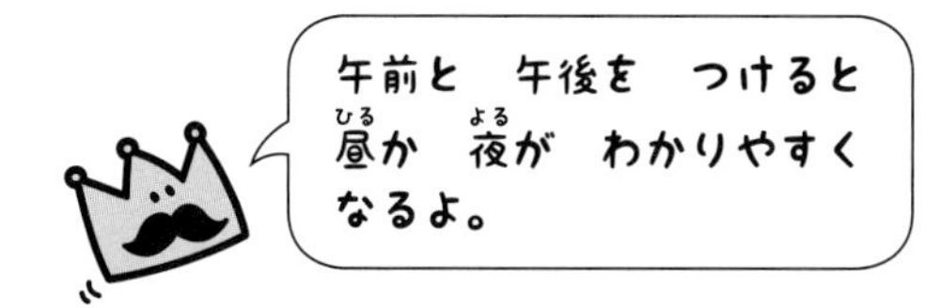

3 図(ず)を　見て、つぎの　時(じ)こくを　午前(ごぜん)、午後(ごご)を　つけて　答(こた)えましょう。

60点(てん)(1つ10)

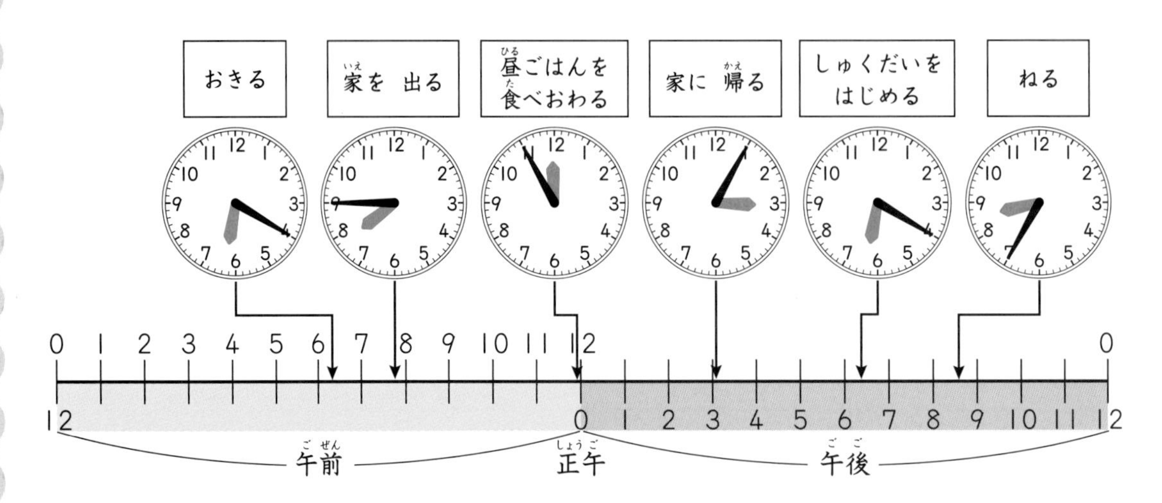

① おきた　時こく　（　　　　　　　）

② 家を　出た　時こく　（　　　　　　　）

③ 昼ごはんを　食べおわった　時こく　（　　　　　　　）

④ 家に　帰った　時こく　（　　　　　　　）

⑤ しゅくだいを　はじめた　時こく　（　　　　　　　）

⑥ ねた　時こく　（　　　　　　　）

午前、午後の　つかいかたが　わかって　きたかな。午前、午後を　つかえば、同(おな)じ　時こく（上の　①と　⑤）でも　くべつできるね。

33 時間を　答えよう ①

月　日　時　分～　時　分

名前

点

1 図を　見て、□に　数を　かきましょう。　30点(□1つ10)

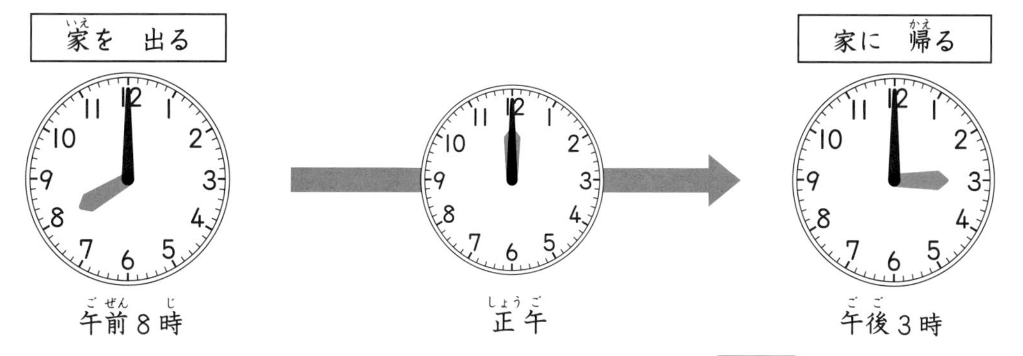

① 家を　出てから　正午までの　時間は □ 時間です。

正午から　家に　帰るまでの　時間は □ 時間です。

② 家を　出てから　家に　帰るまでの　時間は □ 時間です。

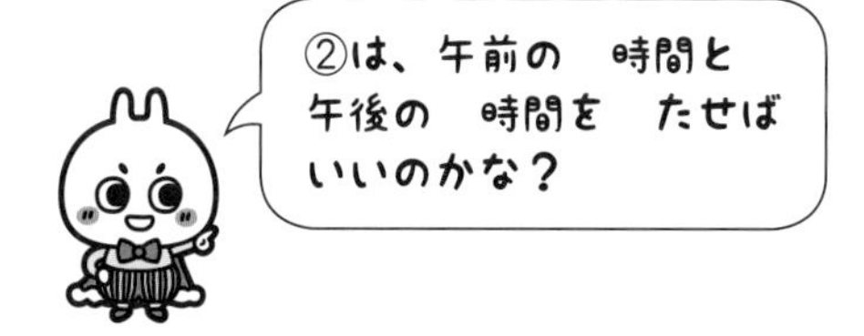

2 つぎの　時間を　答えましょう。　30点(1つ10)

① 午前6時から　正午まで

(　　　　時間)

② 正午から　午後2時まで

(　　　　)

③ 午前6時から　午後2時まで

(　　　　)

3 左の　時こくから　右の　時こくまでの　時間は　どれだけですか。

40点(1つ8)

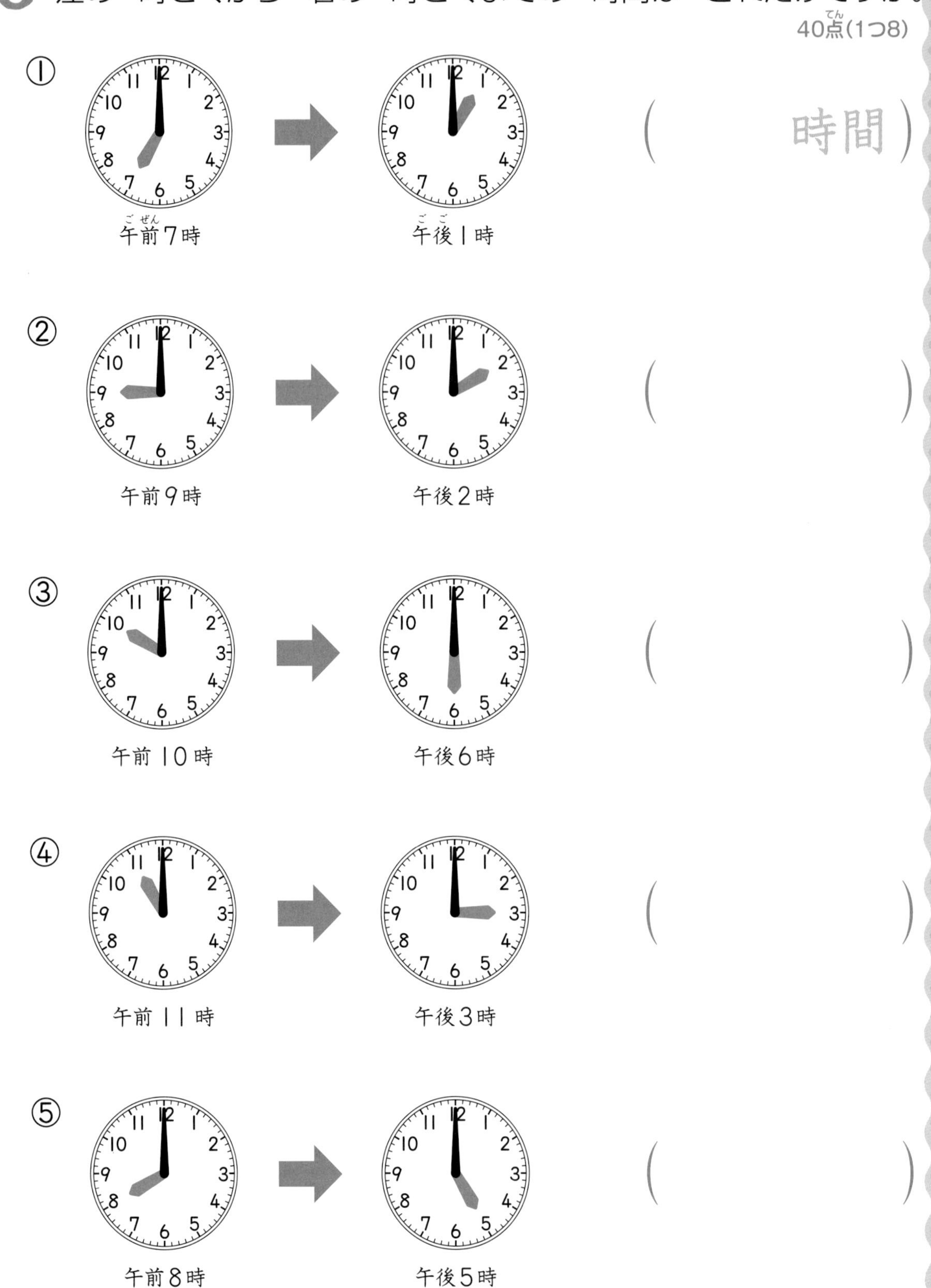

正午までの　時間と、正午からの　時間を　たして　もとめよう。
「時間」と　「分」を　まちがえないでね。

34 時間を　答えよう②

月　日　時　分〜　時　分

名前

点

1 左の　時こくから　右の　時こくまでの　時間は　どれだけですか。

20点(1つ4)

① 午前 → 午後　(　　　　)

② 午前 → 午後　(　　　　)

③ 午前 → 午後　(　　　　)

④ 午前 → 午後　(　　　　)

⑤ 午前 → 午後　(　　　　)

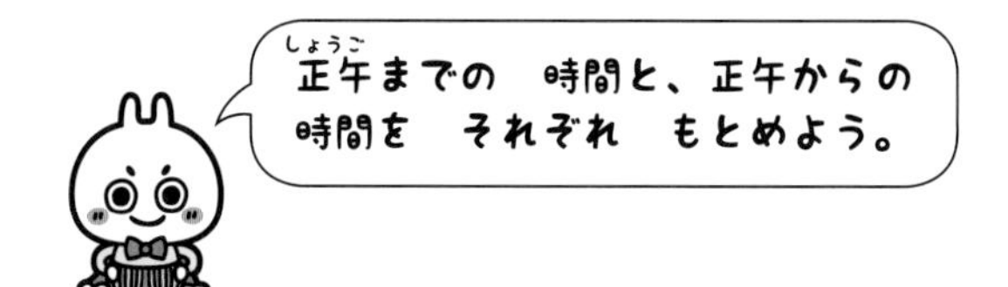

❷ 左の　時こくから　右の　時こくまでの　時間は　どれだけですか。

80点(1つ10)

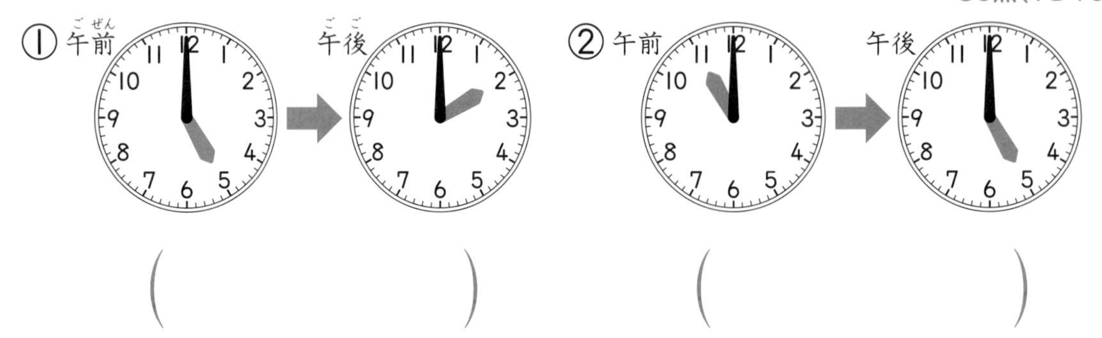

(　　　　)　(　　　　)

(　　　　)　(　　　　)

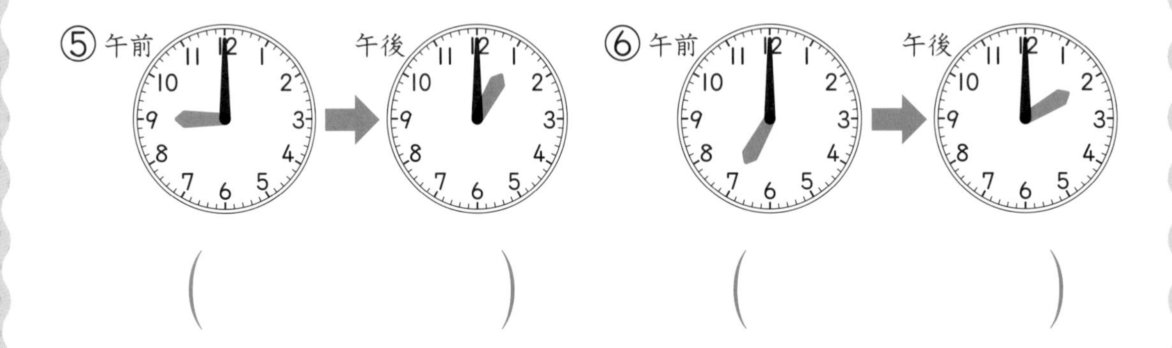

(　　　　)　(　　　　)

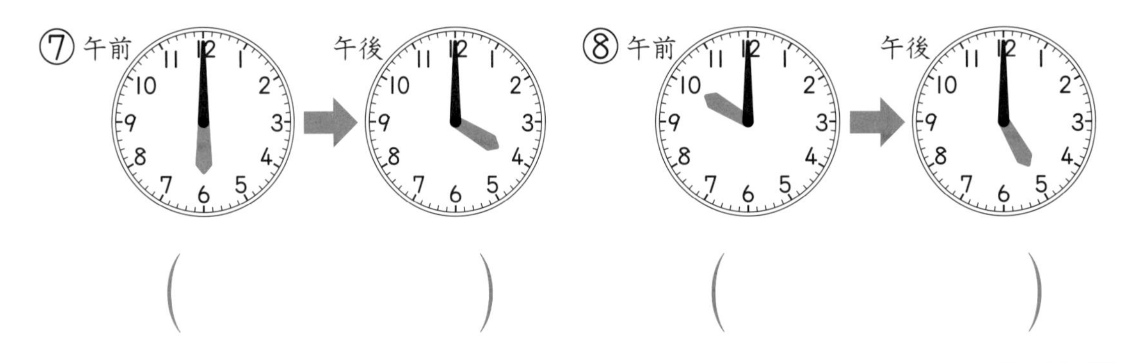

(　　　　)　(　　　　)

みじかい　はりは　１時間で　時計の　数字　ひとつぶん　うごくので、
数字　いくつぶん　うごいたかを　考えても　いいね。

35 時間を　答えよう ③

月　日　時　分～　時　分

名前

点

1 図を　見て　□に　数を　かきましょう。　24点(□1つ4)

①

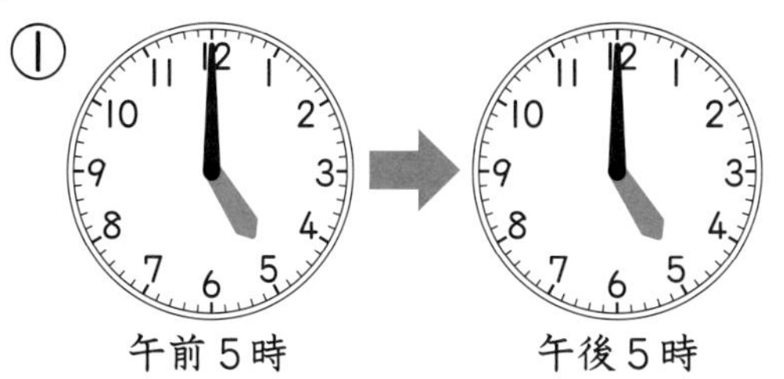

午前５時　午後５時

午前５時から　正午までは

7 時間、正午から　午後５時

までは □ 時間です。

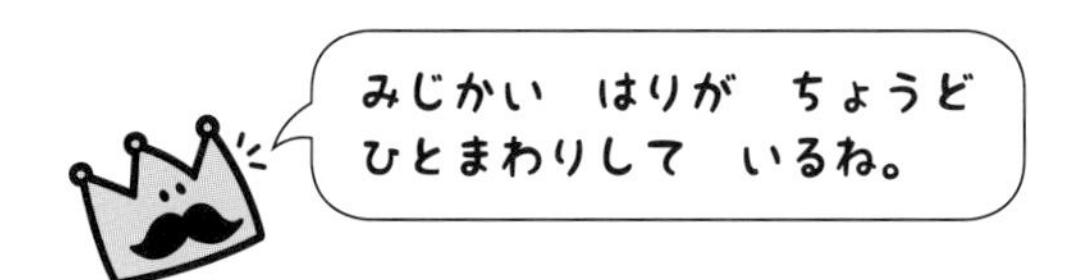

午前５時から　午後５時までは

12 時間です。

②

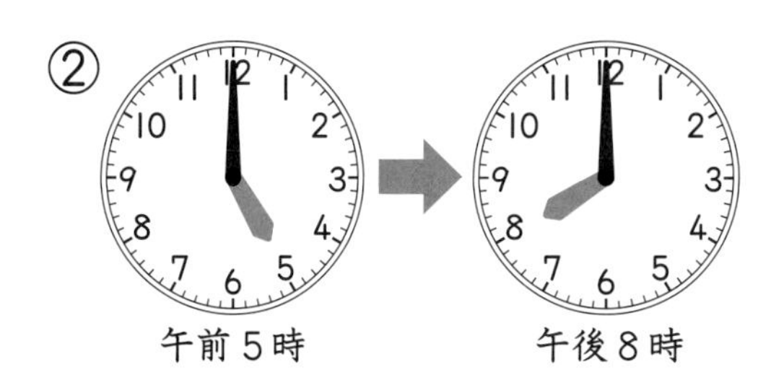

午前５時　午後８時

午前５時から　正午までは

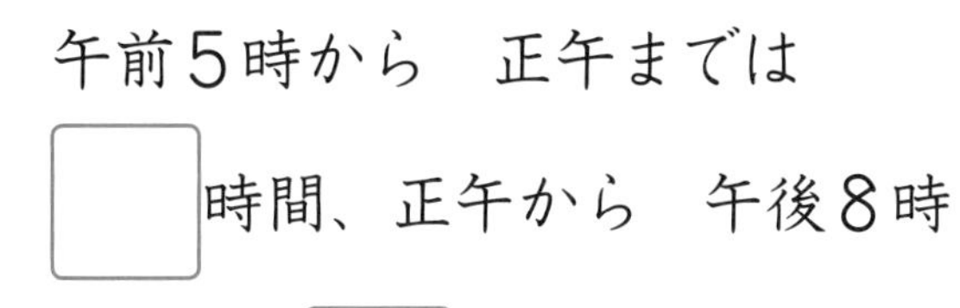

□ 時間、正午から　午後８時

までは □ 時間です。

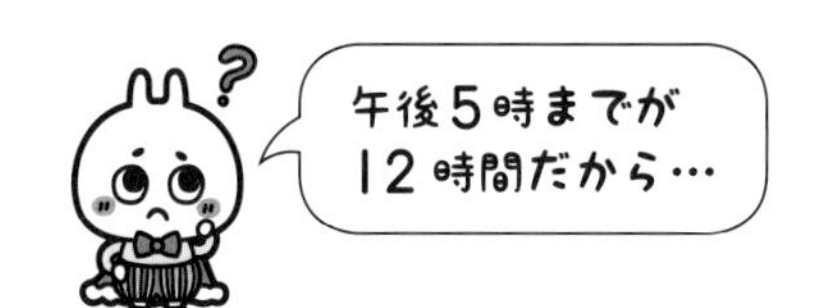

午前５時から　午後８時までは

□ 時間です。

2 左の　時こくから　右の　時こくまでの　時間は　どれだけですか。

12点(1つ6)

①

午前10時　午後10時

（　　　時間）

②

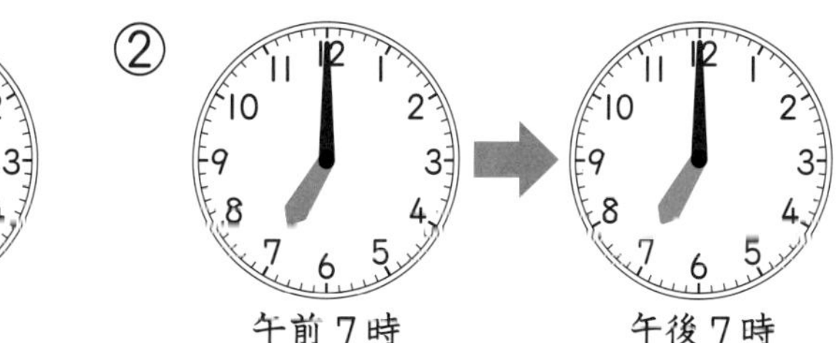

午前７時　午後７時

（　　　）

❸ 左の 時こくから 右の 時こくまでの 時間は どれだけですか。

64点(1つ8)

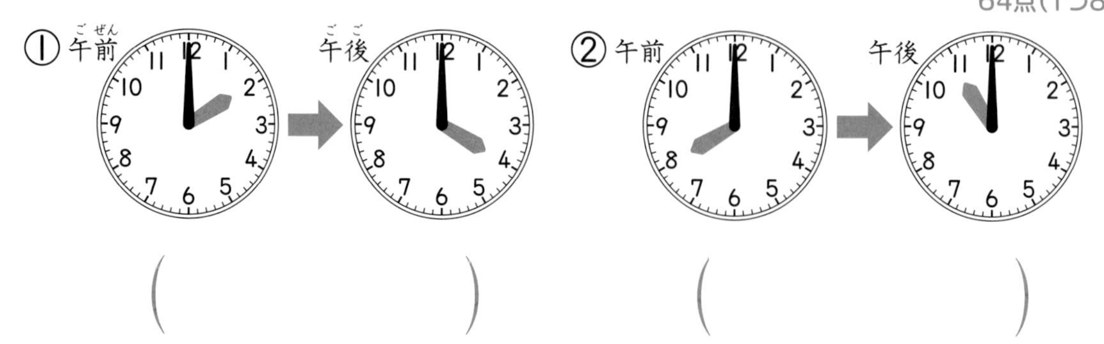

(　　　　　　)　(　　　　　　)

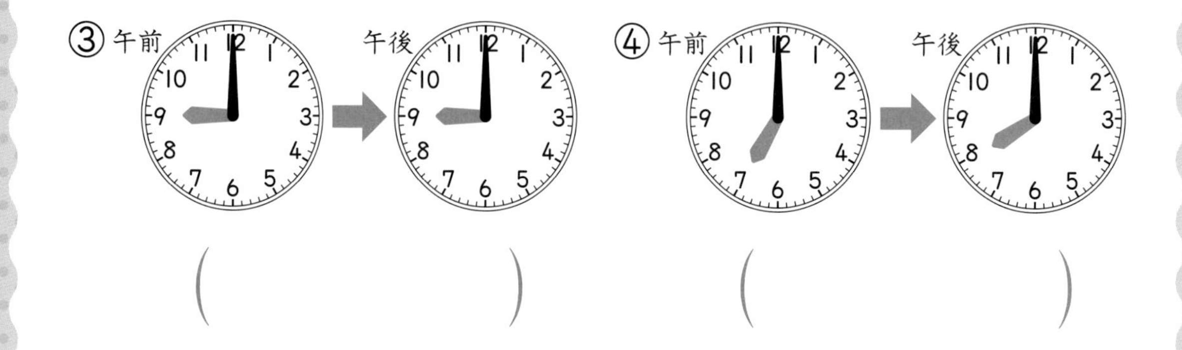

(　　　　　　)　(　　　　　　)

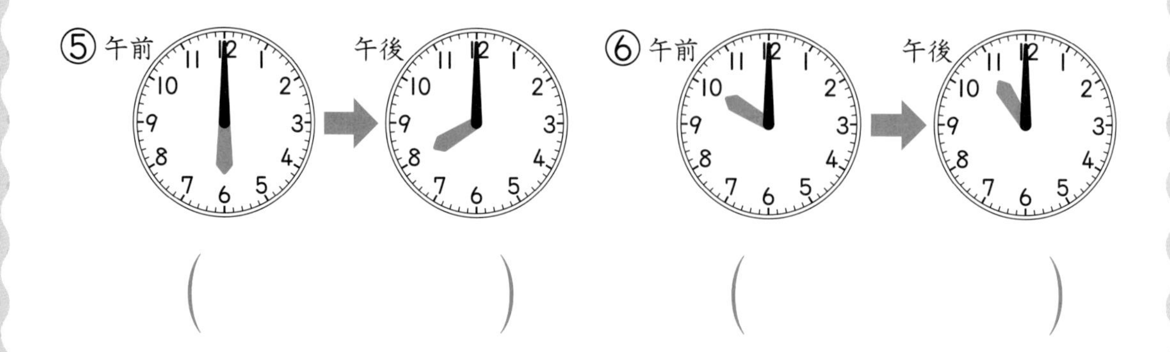

(　　　　　　)　(　　　　　　)

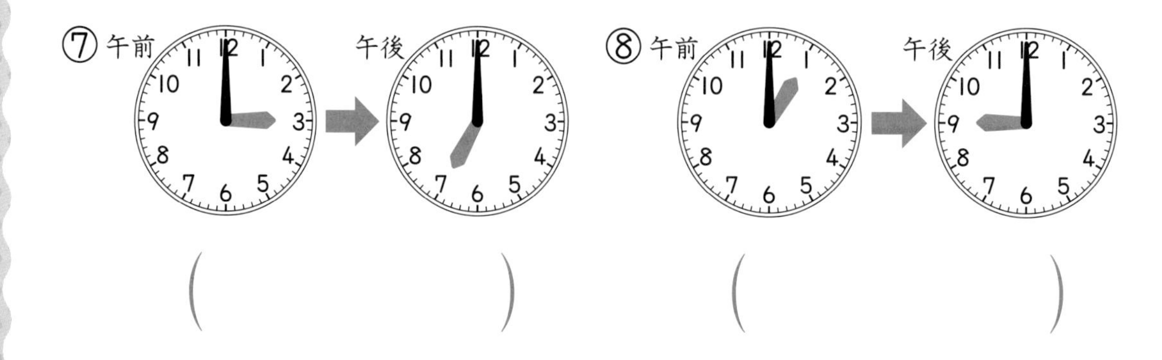

(　　　　　　)　(　　　　　　)

みじかい はりが ひとまわりすると 12時間だよ。12時間より 何時間 おおいかを 考えても いいね。

36 時間を　答えよう ④

月　日　時　分～　時　分

名前

点

❶ つぎの　時間は　どれだけですか。　20点(1つ5)

① 午前9時から　午後1時まで

(　　　時間)

② 午前9時から　午後4時まで

(　　　)

③ 午前9時から　午後9時まで

(　　　)

④ 午前9時から　午後11時まで

(　　　)

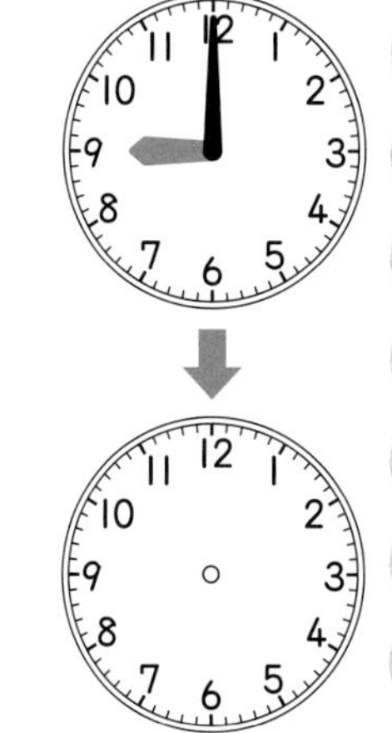

❷ つぎの　時間は　どれだけですか。　25点(1つ5)

① 午前7時から　午後0時まで

(　　　)

② 午前7時から　午後2時まで

(　　　)

③ 午前7時から　午後5時まで

(　　　)

④ 午前7時から　午後7時まで

(　　　)

⑤ 午前7時から　午後11時まで

(　　　)

3 つぎの　時間は　どれだけですか。　55点(1つ5)

① 午前11時から　午後2時まで

(　　　　　)

② 午前9時から　午後5時まで

(　　　　　)

③ 午前10時から　午後10時まで　(　　　　　)

④ 午前8時から　午後3時まで　(　　　　　)

⑤ 午前7時から　午後9時まで　(　　　　　)

⑥ 午前5時から　午後2時まで　(　　　　　)

⑦ 午前11時から　午後4時まで　(　　　　　)

⑧ 午前8時から　午後11時まで　(　　　　　)

⑨ 午前6時から　午後1時まで　(　　　　　)

⑩ 午前10時から　午後4時まで　(　　　　　)

⑪ 午前1時から　午後5時まで　(　　　　　)

時計を　思いうかべながら　考えよう。わからないときは、
図に　はりを　かき入れて　考えよう。

37 まとめの テスト

月　日　もくひょう時間 15分

名前

点

1 □に 数を かきましょう。

35点(1つ5)

① 1時間＝□分　② 90分＝□時間□分

③ 1時間20分＝□分　④ 1日＝□時間

⑤ 午前は □時間です。　⑥ 午後は □時間です。

⑦ 午前12時は 午後□時とも いいます。

2 ①～④の 時こくを、午前、午後を つけて 答えましょう。

20点(1つ5)

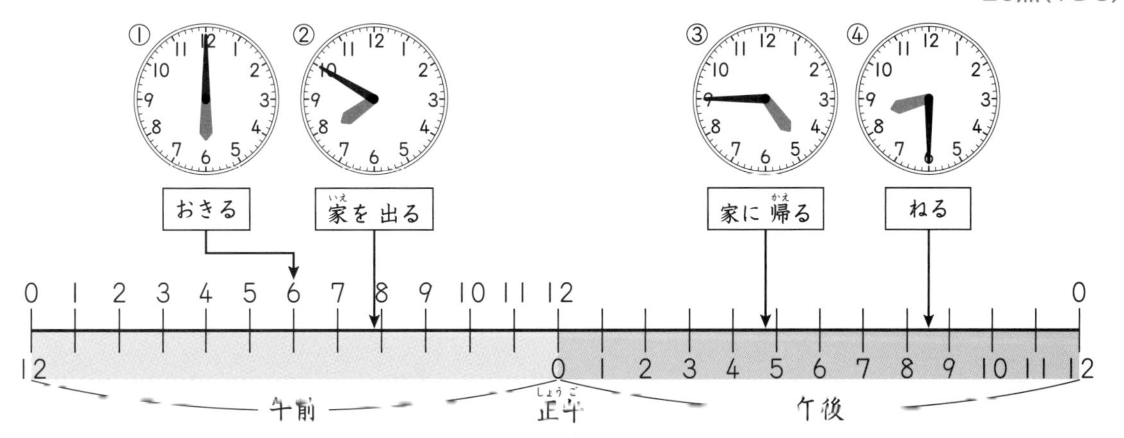

①(　　　　)　②(　　　　)

③(　　　　)　④(　　　　)

3 左の 時(じ)こくから 右の 時こくまでの 時間(じかん)は どれだけですか。

30点(てん)(1つ5)

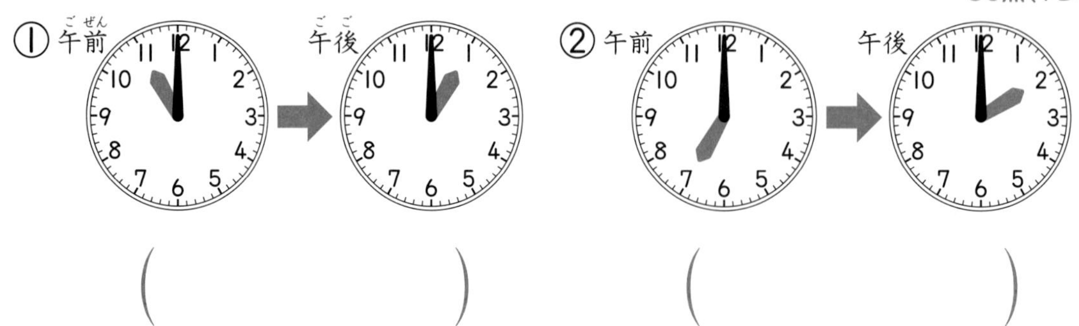

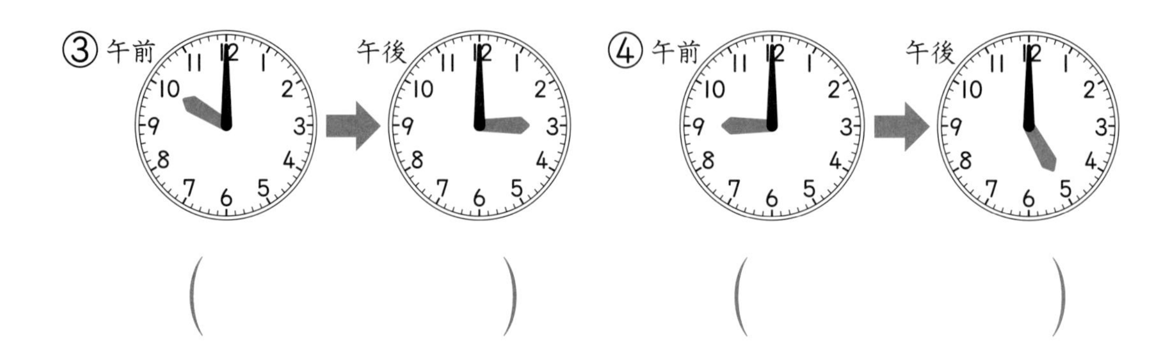

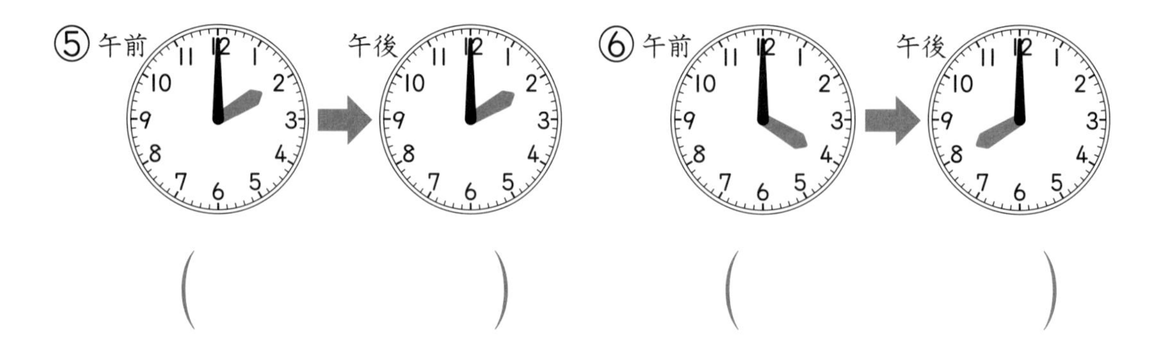

4 つぎの 時間は どれだけですか。

15点(1つ5)

① 午前6時から 午後2時まで （　　　　）

② 午前10時から 午後1時まで （　　　　）

③ 午前9時から 午後10時まで （　　　　）

38 しあげの テスト1

月　日　もくひょう時間15分

名前

点

1 左の 時こくから 右の 時こくまでの 時間は どれだけですか。

20点(1つ5)

①　②

(　　　)　(　　　)

③　④

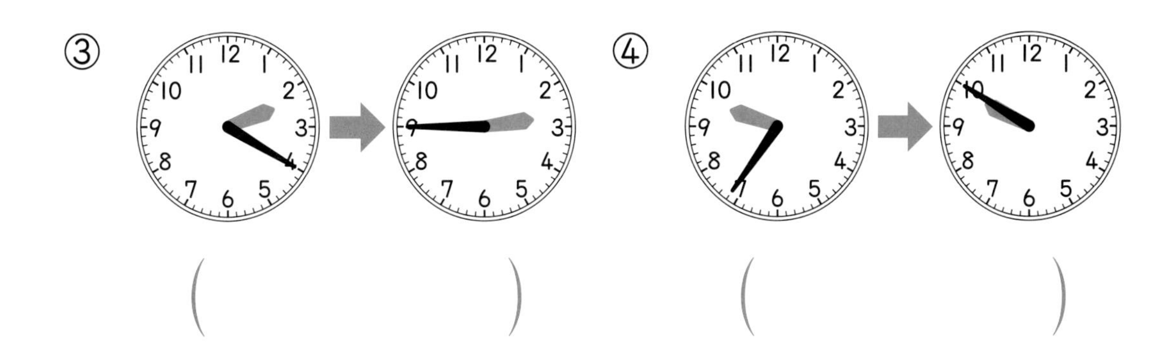

(　　　)　(　　　)

2 つぎの 時こくを 答えましょう。　20点(1つ5)

①

㋐ 1時間あと (　　　)

㋑ 30分前 (　　　)

②

㋐ 30分あと (　　　)

㋑ 1時間前 (　　　)

3 □に 数(かず)を かきましょう。 20点(てん)(1つ5)

① 60分(ぷん)＝□時間(じかん)　② 100分＝□時間□分

③ 1時間10分＝□分　④ 1日＝□時間

4 つぎの 時(じ)こくを、午前(ごぜん)、午後(ごご)を つけて 答(こた)えましょう。 20点(1つ10)

① 朝(あさ)、公園(こうえん)に ついた 時こく

（　　　　）

② 夕方(ゆうがた)、おやつを 食(た)べた 時こく

（　　　　）

5 左の 時こくから 右の 時こくまでの 時間は どれだけですか。 20点(1つ10)

①

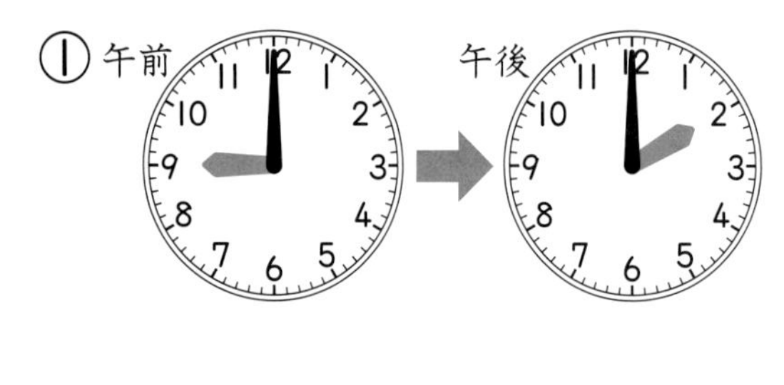

（　　　　）

②

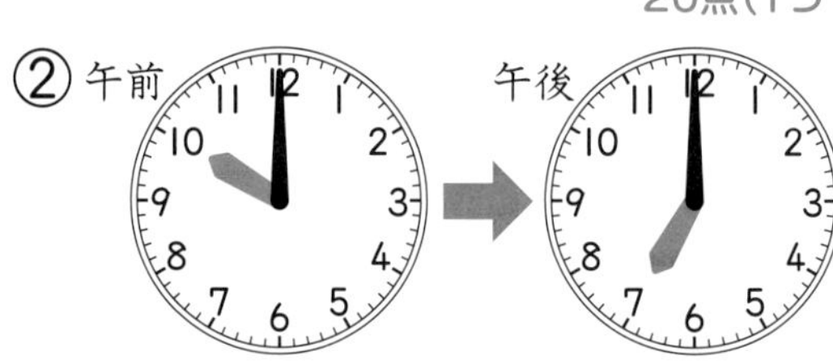

（　　　　）

39 しあげの テスト2

1 左の 時こくから 右の 時こくまでの 時間は どれだけですか。

10点(1つ5)

① (　　　　) ② (　　　　)

2 つぎの 時間を 答えましょう。

20点(1つ10)

① 10時15分から 11時まで (　　　　)

② 2時から 3時まで (　　　　)

3 いま 8時35分です。つぎの 時こくを 答えましょう。

20点(1つ5)

① 2時間あと (　　　　)

② 1時間前 (　　　　)

③ 30分あと (　　　　)

④ 20分前 (　　　　)

4 □に 数(かず)を かきましょう。 10点(てん)(1つ5)

① 午前(ごぜん)は □ 時間(じかん)です。

② 80分(ぷん)は □ 時間 □ 分です。

5 左の 時こくから 右の 時こくまでの 時間は どれだけですか。 20点(1つ5)

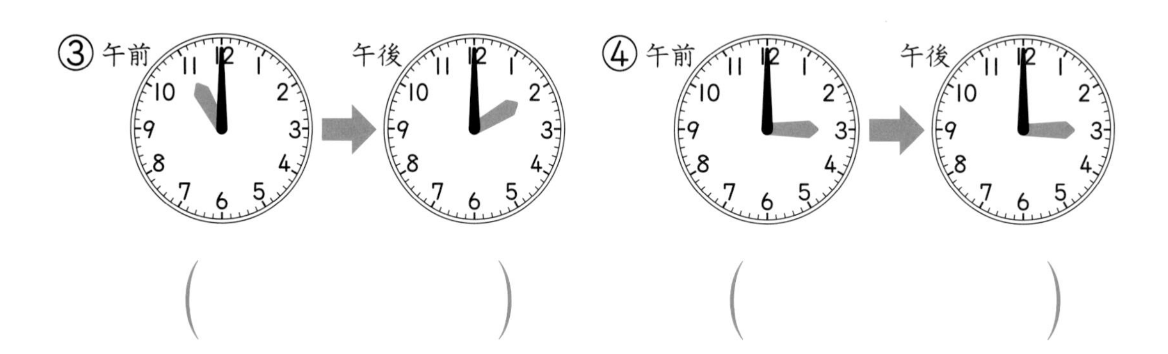

① (　　　) ② (　　　)

③ (　　　) ④ (　　　)

6 つぎの 時間は どれだけですか。 20点(1つ10)

① 午前10時から 午後3時まで (　　　)

② 午前2時から 午後4時まで (　　　)

40 3年生の　時こくと　時間

月　　日
名前

★1 家から　えきまで　行きました。何分　かかりましたか。
□に　数を　かきましょう。

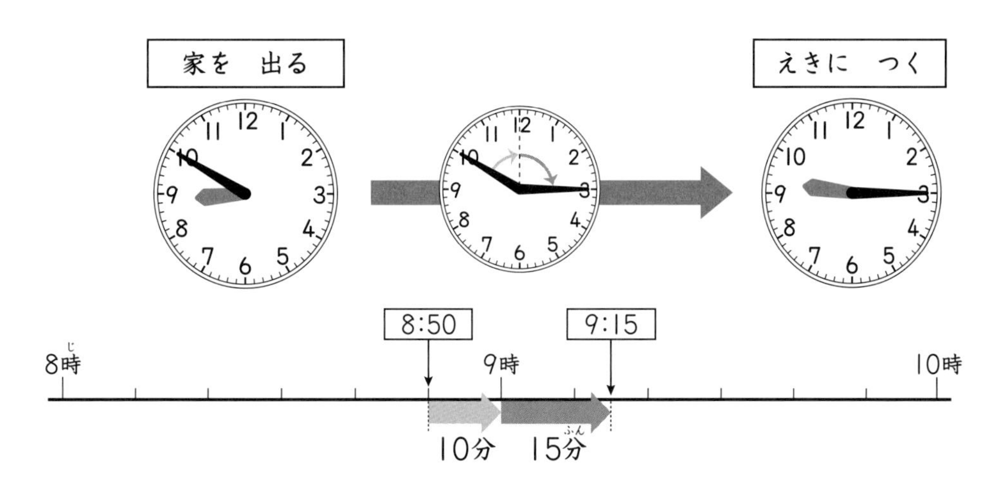

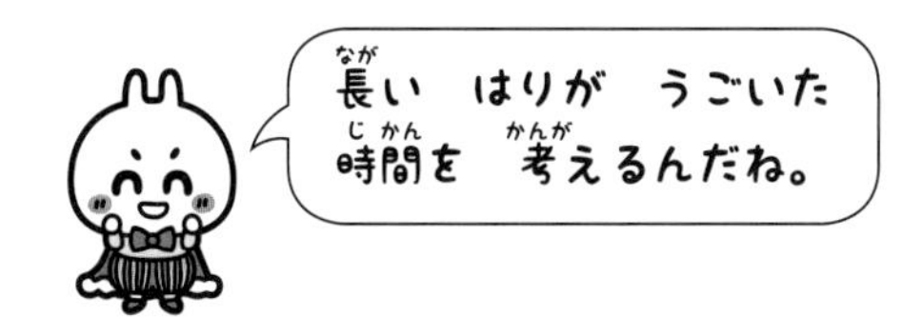

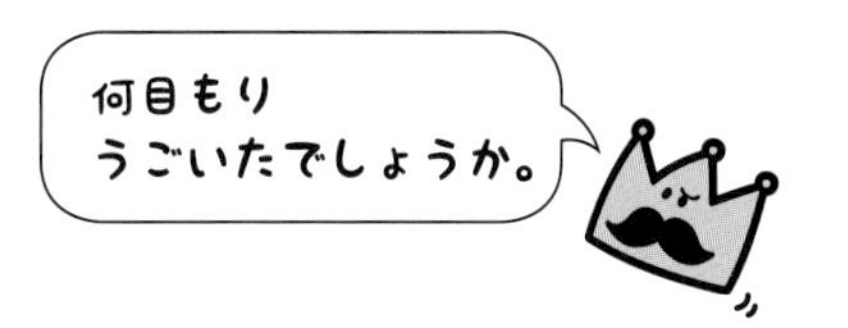

家を　出た　時こくは　8時50分、

えきに　ついた　時こくは　□時□分です。

8時50分から　9時までは　10分、

9時から　9時15分までは　15分だから、

あわせて　25分です。

★2 左の 時こくから 右の 時こくまでの 時間は
どれだけですか。

①

2時50分から 3時までの
時間と、
3時から 3時10分までの
時間に 分けて 考えよう。

2:50　3:10

2時　3時　4時

10分 10分

（ 20分 ）

②

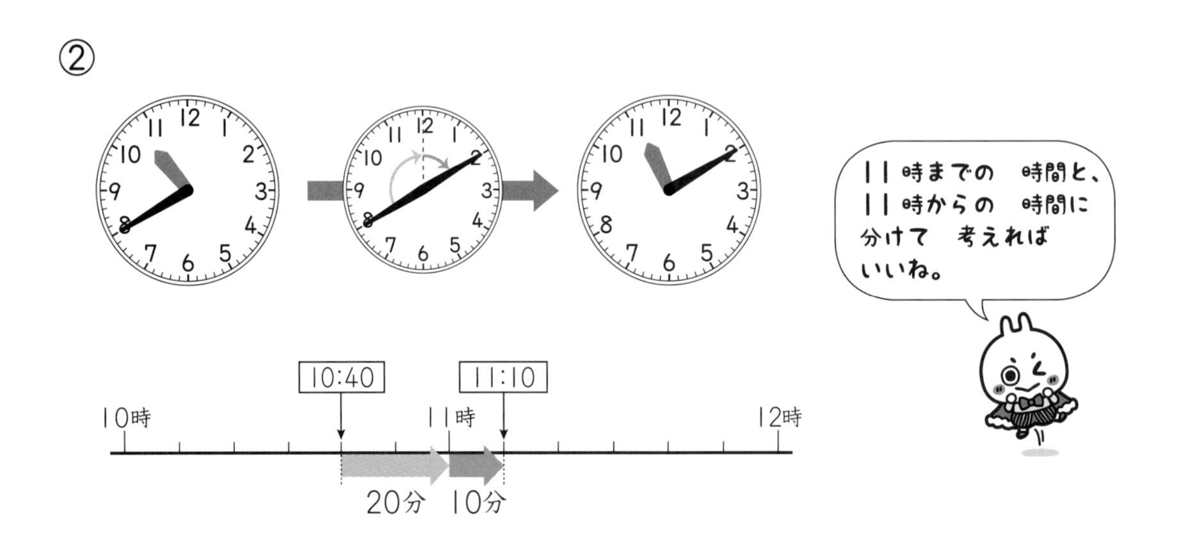

（　　　　）

2年の 時こくと 時間

1 1年生で ならった こと①

1 ①7時　②10時15分
③6時4分
④8時30分(8時半)
⑤3時48分　⑥1時21分
⑦9時56分　⑧5時34分

2 ①

②

③

④

⑤

⑥

3
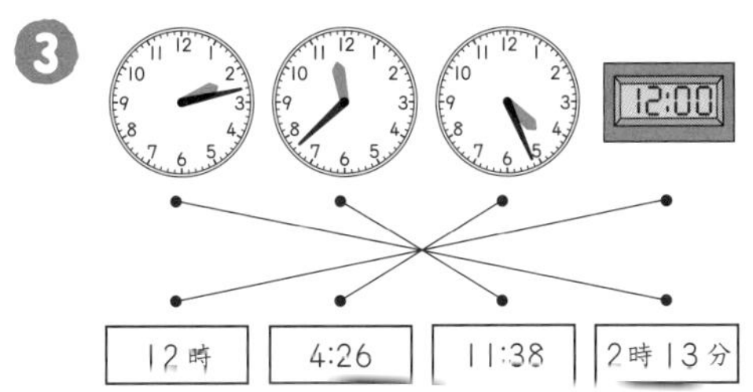

おうちの方へ 1年生でならった時計のしくみや時間のよみ方がみについているかどうかをたしかめるもんだいです。「何時」は、みじかいはりが通りすぎた数字、「何分」は長いはりがさしている目もりをよんでいるかかくにんするとよいでしょう。

1 ⑦みじかいはりが通りすぎた数字は「9」だから、「10時56分」ではなく、「9時56分」と理かいしているかどうか見てあげましょう。

2 ②数字の「1」が5分だから、そこから右まわりに1目もりずつ6分、7分、8分とかぞえていけばわかります。

3 デジタル時計は、「:」の左がわが「何時」をあらわし、「:」の右がわが「何分」をあらわします。

2 1年生で ならった こと②

1 ①5時19分　②10時51分
③12時　④9時17分
⑤4時2分　⑥7時45分
⑦11時30分(11時半)
⑧2時24分

2 ①

②

③

④

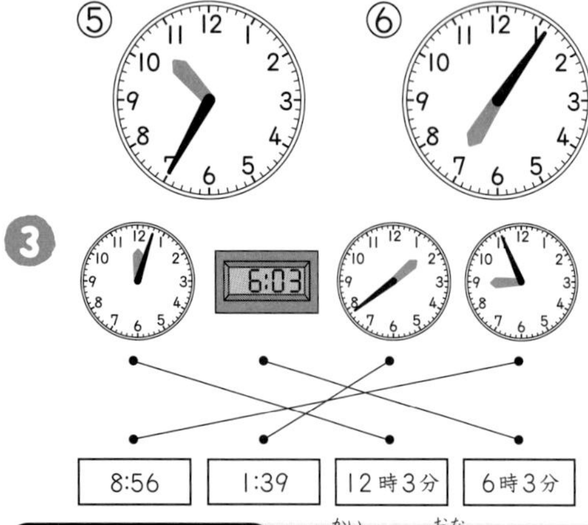

おうちの方へ 1回目と同じこうせいのもんだいになっています。できないもんだいがあったときには、しっかりやり直しておきましょう。また、❸のようなもんだいでは、あたえられた時計がそれぞれ「何時何分」なのかを、声に出してよんでから答えさせるようにするとよいでしょう。

❶ ⑥長いはりが「9」をさしているので、7時9分とよむまちがいがおおいようです。長いはりの「何分」は、小さい目もりの数をかぞえることをかくにんしておきます。

❷ ④「○時」ちょうどのとき、長いはりは「12」をさします。

❸ デジタル時計のよみ方をかくにんしておきましょう。03の0はよまないので6時3分です。

3 時こくと 時間

❶ 10
10、15
15

❷ ①7時
②7時10分
③10分(10分間)

❸ ①5時
②5時20分
③20分(20分間)

おうちの方へ 時こくと時間のちがいを、ここで理かいできるようにしておきましょう。「何時何分」であらわされる「とき」が「時こく」です。「10時」から「10時5分」までのような、時こくと時こくの間の長さが「時間」です。

長いはりが1目もりうごく時間が「1分(間)」ということをおぼえておきましょう。

「○分」は「○分間」と答えてもかまいません。これよりあとのもんだいでも同じです。

❷ ③長いはりが10目もりうごいたので、10分です。10分は10分間と答えてもかまいません。

❸ ③長いはりが20目もりうごいたので、20分です。20分は20分間と答えてもかまいません。

4 何分を 答えよう ①

❶ 15、15

❷ ①10分(10分間)
②20分(20分間)
③45分(45分間)

❸ ①25分(25分間)
②55分(55分間)
③40分(40分間)
④35分(35分間)
⑤15分(15分間)
⑥50分(50分間)

おうちの方へ 「○時」ちょうどから「○時△分」までの時間が何分かを学しゅうします。時間が「何分」かを答えるときは、長いはりがいちばん小さい目もりでいくつ分うごいたかをよく見ます。ここでは、長いはりが時計の数字をさす時こくまでの時間をもとめます。「1」が5目もりで5分、「2」が10目もりで10分、「3」が15目もりで15分と、5とびに時計の数字がついていることをかくにんし、数字と「何分」がすぐわかるようにれんしゅうしましょう。

5 何分を　答えよう②

1 13、13

2 ①23分(23分間)
②46分(46分間)
③18分(18分間)

3 ①32分(32分間)
②27分(27分間)
③44分(44分間)
④49分(49分間)
⑤7分(7分間)
⑥52分(52分間)
⑦11分(11分間)
⑧34分(34分間)

おうちの方へ 4回と同じように、「○時」ちょうどから「○時△分」までの時間をもとめるれんしゅうです。右がわの時計の図では、長いはりが時計の数字と数字の間をさしています。長いはりが通りすぎた数字の時間を5とびによみとり、さいごに通りすぎた数字から何目もりうごいているかを考えます。このときにちゅういしなければならないのは、はりは右回りにうごくということです。もんだいごとに、はりのうごくむきをかくにんしましょう。

2 ①「4」が20分で、そこから3目もりうごいているので23分です。
②「9」が45分で、そこから1目もりうごいているので46分です。
左の時こくと右の時こくをしっかりよみとりましょう。

3 ③「8」が40分で、そこから4目もりうごいているので44分です。
「9」が45分で、そこから1目もりもどっているから44分と考えてもよいでしょう。
いろいろなもとめ方を考えることは、算数にとってたいせつなことです。

6 何分を　答えよう③

1 20、20

2 ①10分(10分間)
②15分(15分間)
③35分(35分間)

3 ①25分(25分間)
②30分(30分間)
③55分(55分間)
④20分(20分間)
⑤5分(5分間)
⑥50分(50分間)

おうちの方へ 「○時△分」から「□時」ちょうどまでの時間が何分かをもとめる学しゅうをします。4回のもんだいとのちがいにちゅういしましょう。左の時計の長いはりがどのようにうごいて右の時こくになるかを、図を見てかくにんします。

長いはりは時計の数字をさしているので、5とびにかぞえていきましょう。

7 何分を　答えよう④

1 8、 8

2 ①3分(3分間)
②14分(14分間)
③18分(18分間)

3 ①27分(27分間)
②44分(44分間)
③21分(21分間)
④51分(51分間)
⑤18分(18分間)
⑥39分(39分間)
⑦47分(47分間)
⑧33分(33分間)

おうちの方へ 6回と同じように「○時」ちょうどまでの時間をよみとる学しゅうです。長いはりが、いくつ分うごいているかをよく見ましょう。

さいしょに、長いはりがうごくむきをかくにんしてから目もりをかぞえるようにします。

2 ①あと3目もりで1時だから3分です。
②あと14目もりで4時だから14分です。

3 目もりの数がふえてくるので、かぞえまちがいにちゅういします。

②や④のようなもんだいでは、右の時計の時こくから長いはりが何目もりもどると左の時こくになるかを考えてもよいです。そうすれば、目もりを5とびにかぞえることができるので、かぞえやすくなります。

8 何分を　答えよう⑤

1 15、 15

2 ①20分(20分間)
②20分(20分間)
③25分(25分間)

3 ①30分(30分間)
②5分(5分間)
③20分(20分間)
④15分(15分間)
⑤20分(20分間)
⑥35分(35分間)

おうちの方へ 「○時△分」から「○時□分」までの時間が何分かをもとめる学しゅうをします。まず、それぞれの時計の時こくをよんでから、長いはりが、左の時こくから右の時こくまで、小さい目もりでいくつ分うごいているかをかぞえます。長いはりが右まわりにうごくことをいしきさせながら、5とびにかぞえていくとよいでしょう。

9 何分を　答えよう ⑥

❶ 12、12

❷ ①6分(6分間)
②13分(13分間)
③18分(18分間)

❸ ①9分(9分間)
②24分(24分間)
③16分(16分間)
④27分(27分間)
⑤42分(42分間)
⑥19分(19分間)
⑦41分(41分間)
⑧33分(33分間)

おうちの方へ だんだんむずかしくなってきます。とちゅうの目もりからとちゅうの目もりまでのよみとりです。

はじめに、かぞえはじめとかぞえおわりの目もりをしっかりかくにんしましょう。なれるまでは、小さい目もりを1つずつかぞえていってもかまいません。なれてきたら、5とびのかぞえ方がつかえるようになりましょう。

❸ ⑤長いはりがたくさんうごいています。5とびのかぞえ方がつかえるとべんりです。ひき算をならっているようでしたら、
57分−15分=42分ともとめてもかまいません。

10 何分を　答えよう ⑦

❶ 19、19

❷ ①7分(7分間)
②13分(13分間)
③11分(11分間)

❸ ①16分(16分間)
②8分(8分間)
③18分(18分間)
④14分(14分間)
⑤32分(32分間)
⑥26分(26分間)
⑦38分(38分間)
⑧47分(47分間)

おうちの方へ はじめのうちは、1目もりずつていねいにかぞえます。なれてきたら、時計の数字があるところまでの目もりをかぞえて、それに5とびの数をたしていきます。❸の①なら、「1」まで1目もり、「1」から「4」までが5、10、15目もりだから、1と15で16目もり→16分。このように、かぞえ方がくふうできるようになりましょう。

11 何分を　答えよう ⑧

❶ ①15分(15分間)
②30分(30分間)
③55分(55分間)
④44分(44分間)
⑤23分(23分間)
⑥6分(6分間)

❷ ①10分(10分間)
②21分(21分間)
③3分(3分間)
④24分(24分間)
⑤20分(20分間)
⑥31分(31分間)
⑦45分(45分間)
⑧23分(23分間)

おうちの方へ これまでにれんしゅうしてきた時間をもとめるもんだいのまとめです。目もりのかぞえ方がくふうできるとよりよいですが、1目もりずつかぞえてもとめてもよいでしょう。

ふだんの生活の中でも、「家を出てから、学校につくまでの時間は何分？」、「ごはんを食べはじめてから、食べおわるまでの時間は何分？」など、時間をいしきした話をして、時間のかんかくがみにつくようにしましょう。

❶ ④まず、数字の「4」までの目もりをかぞえて、そのあと「4」から「12」までを5とびでかぞえます。

12 何分を　答えよう ⑨

❶ ①30分(30分間)
②45分(45分間)
③10分(10分間)
④40分(40分間)

❷ ①15分(15分間)
②30分(30分間)
③10分(10分間)
④15分(15分間)

❸ ①23分(23分間)
②6分(6分間)
③22分(22分間)
④16分(16分間)
⑤13分(13分間)

❹ ①26分(26分間)
②25分(25分間)
③20分(20分間)
④8分(8分間)

おうちの方へ 4回から10回までの内ようを文しょうだけでよみとるもんだいです。❶などは考えやすいと思いますが、むずかしいばあいは、図をつかって目もりをかぞえましょう。はりをかきこむことで、時計への理かいもふかまります。

くりかえしれんしゅうして、頭の中に時計を思いうかべて答えられるようにしたいものです。

13 何時間を　答えよう ①

❶ 9
10
60
1

❷ ①1時間
②1時間
③1時間
④1時間
⑤1時間
⑥1時間

おうちの方へ 「○時から□時までの時間」が何時間かをもとめる学しゅうをします。長いはりは、小さい目もりで60目もりうごくと、ひとまわりします。ここでは、長いはりがひとまわりする時間は1時間であること、「1時間＝60分」であることをしっかりおさえておきましょう。また、みじかいはりは、1時間で時計の数字ひとつ分だけうごきます。長いはりがひとまわりする間に、みじかいはりが時計の数字ひとつ分うごくという、2本のはりがれんどうしていることがわかっているかたしかめてあげましょう。

14 何時間を　答えよう②

1 2、2

2 ①2時間
②2時間
③3時間

3 ①2時間
②3時間
③2時間
④2時間
⑤3時間
⑥5時間

おうちの方へ 13回では「長いはりがひとまわりする時間」が1時間になることを学しゅうしました。この回は、答えが1時間より大きくなるものについてとりあげています。長いはりが2回まわる→2時間→みじかいはりが時計の数字2つ分うごく、というながれをしっかりおさえましょう。

2 ③みじかいはりが時計の数字3つ分うごいています。→長いはりが3回まわる→3時間です。

15 何時間を　答えよう③

1 ①1
60
②2
2

2 ①1時間
②2時間
③3時間
④4時間

3 ①3時間
②1時間
③5時間
④4時間
⑤2時間
⑥1時間
⑦3時間
⑧2時間
⑨1時間
⑩4時間

おうちの方へ 13回、14回の内ようを文しょうだけでよみとるもんだいです。時計の図にたよらずにできるようになれば、13回、14回で学しゅうしたことを理かいしたといえるでしょう。

16 まとめの テスト

1 ①35分(35分間)
②27分(27分間)
③50分(50分間)
④12分(12分間)
⑤25分(25分間)
⑥22分(22分間)

2 ①40分(40分間)
②35分(35分間)
③20分(20分間)
④13分(13分間)
⑤3分(3分間)

3 ①1時間
②1時間
③2時間
④2時間
⑤3時間

おうちの方へ 3回から15回までに学しゅうした「何分」と「何時間」を答えるまとめのテストです。時間をはかってやってみましょう。❶では長いはりが何目もり分うごいたかをかぞえまちがえないようにしましょう。まちがえたもんだいは、かならずやり直しておきましょう。

17 時こくを　答えよう①

❶ ㋐11
㋑9

❷ ㋐6時
㋑4時

❸ ①㋐4時
㋑2時
②㋐8時
㋑6時
③㋐7時
㋑5時
④㋐12時
㋑10時
⑤㋐2時
㋑12時

おうちの方へ 「○時」から「1時間あと」と「1時間前」の時こくをもとめるもんだいです。長いはりがひとまわりする時間が1時間で、このときみじかいはりは時計の数字ひとつ分うごきます。右まわりにうごくと「あと」、左まわりにうごくと「前」になることを理かいさせましょう。

❷ ㋐長いはりは右むきにひとまわりします。みじかいはりがさす時計の数字は「5」から「6」へひとつ分すすみます。
㋑長いはりは左むきにひとまわりします。みじかいはりは「5」から「4」へひとつ分もどります。

❸ ⑤㋑「1時」の1時間前は「12時」です。時計の「何時」のしくみをふくしゅうしておきましょう。

18 時こくを　答えよう②

❶ ㋐4、30
㋑2、30

❷ ㋐11時45分
㋑9時45分

❸ ①㋐4時35分
㋑2時35分
②㋐9時40分
㋑7時40分
③㋐10時5分
㋑8時5分
④㋐6時20分
㋑4時20分
⑤㋐1時55分
㋑11時55分

おうちの方へ 「○時△分」から「1時間あと」と「1時間前」の時こくを答えるもんだいです。考え方は17回と同じです。みじかいはりのうごきにちゅうもくしましょう。「○時△分」から1時間たつと、○が1ふえて△はかわりません。1時間前は、○が1へって△はかわりません。はじめに時計の時こくをよんでからときはじめましょう。

❸ ⑤㋐12時55分の1時間あとは1時55分です。12や60をたんいとする時間のしくみを理かいしましょう。

19 時こくを　答えよう ③

❶ ㋐6時(じ)
㋑2時

❷ ①㋐9時
㋑5時
②㋐4時
㋑12時
③㋐12時30分(ぷん)
㋑8時30分

❸ ①㋐11時
㋑5時
②㋐8時
㋑2時
③㋐6時
㋑12時
④㋐7時30分
㋑1時30分
⑤㋐10時30分
㋑4時30分

おうちの方へ　ある時こくから「2(3)時間(じかん)あと」や「2(3)時間前(まえ)」の時こくをもとめる学しゅうです。長(なが)いはりが2回(かい)まわると2時間だから、みじかいはりは時計(とけい)の数字(すうじ)2つ分(ふたつぶん)うごく、という長いはりがまわる回数と時間のかんけいをおさえておきましょう。この回では、12時をまたぐもんだいはあつかいません。

❷ ③「○時間△分」の△分は、2時間たっても△分でかわりません。

❸ 長いはりが3回まわるので、みじかいはりは時計の数字3(みっ)つ分うごきます。

20 時こくを　答えよう ④

❶ 30
45

❷ 30
5

❸ ①12時30分　②10時40分
③4時50分　④1時55分

❹ ①11時　②2時10分
③5時20分　④9時15分

おうちの方へ　ある時こくから「30分あと」と「30分前」の時こくをもとめる学しゅうです。ここでは、長いはりが時計の数字「12」を通(とお)りすぎないはんいだけをとりあげています。長いはりのうごきは、5とびでかぞえていくとわかりやすいでしょう。

❸ ②10時10分から時計の長いはりを右まわりに30分うごかすと、長いはりは数字の「8」をさします。30分はちょうどひとまわりの半分(はんぶん)なので、長いはりはまっすぐはんたいのいちにうつることにも気づかせましょう。
　また、はりのうごきが理(り)かいできたら、「10分」の30分あとは、10分＋30分＝40分とたし算(ざん)でもとめられることも知(し)らせてあげてください。

21 時こくを　答えよう ⑤

❶ ㋐20
50
㋑20、10

❷ ①㋐2時55分
㋑2時15分
②㋐7時40分
㋑7時

❸ ①㋐5時35分
㋑5時45分
②㋐9時30分
㋑9時40分

❹ ①㋐12時15分
㋑12時5分
②㋐1時30分
㋑1時20分

おうちの方へ 20回で学しゅうした「30分あと」と「30分前」にくわえて、「20分あと」と「20分前」の時こくも答える学しゅうです。20分は20目もり、30分は30目もりであることをかくにんしておきます。

22 時こくを 答えよう ⑥

❶ 3
7
7、15

❷ 7時50分

❸ ①2時10分 ②6時5分
③9時25分 ④11時20分

❹ ①2時45分 ②9時55分
③1時40分 ④6時35分

おうちの方へ ある時こくから「30分あと」と「30分前」の時こくをもとめる学しゅうですが、ここでは長いはりが時計の数字「12」を通りすぎるもんだいをとりあげています。長いはりが「12」を通りすぎると、みじかいはりも時計の数字をまたいでうごくので、「何時」のぶぶんがかわります。まちがえやすいので気をつけましょう。

❷ 長いはりを左まわりに30目もりうごかすと、「12」を通りすぎて「10」をさします。このとき、みじかいはりは「8」を通りすぎるので
8時20分→7時50分と「何時」のぶぶんがかわります。

❸、❹ みじかいはりのうごきにちゅういして「何時何分」を考えましょう。

23 時こくを 答えよう ⑦

❶ ①3時15分 ②2時5分
③10時10分 ④12時20分

❷ ①7時45分 ②3時35分
③2時55分 ④4時40分

❸ ①4時10分
②8時5分
③5時25分
④11時40分
⑤10時50分
⑥5時55分

おうちの方へ 22回の学しゅうのふくしゅうです。長いはりが右まわりに半分回ると「30分あと」の時こくになります。左まわりに半分回ると「30分前」の時こくになります。長いはりが「12」を通りすぎると、「何時」のぶぶんがかわってくるので気をつけましょう。

24 時こくを　答えよう ⑧

1 ①8時30分　②6時30分
③9時30分　④5時30分

2 ①8時55分　②7時55分
③8時45分　④8時5分

3 ①㋐7時
㋑5時
㋒6時30分
㋓5時30分
②㋐11時15分
㋑9時15分
㋒10時35分
㋓9時45分
③㋐5時30分
㋑1時30分
㋒4時
㋓3時10分

おうちの方へ 17回から23回までに学しゅうした内ようがくみあわさっています。まず、もんだいの時計の図の時こくを正しくよむことがたいせつです。それから時計のはりのうごきを考えるようにしましょう。

「あと」の時こくと「前」の時こくでは、時計のはりを回すむきがちがいます。「あと」の時こくは右まわり、「前」の時こくは左まわりになることをしっかりおぼえておきましょう。また、長いはりが「12」を通りすぎると「何時」のぶぶんがかわることがわかっているか、みてあげましょう。

25 時こくを　答えよう ⑨

1 ①㋐12時35分
㋑10時35分
㋒12時5分
㋓11時5分
②㋐2時30分
㋑3時30分
㋒2時
㋓1時10分

2 ①㋐5時15分
㋑3時15分
㋒4時45分
㋓3時45分
②㋐3時5分
㋑1時5分
㋒2時25分
㋓1時35分
③㋐8時55分
㋑10時25分
㋒9時25分
㋓9時35分

おうちの方へ 「○時間あと」「○時間前」の時こくを答えるもんだいでは、みじかいはりのうごきで考えてもよいでしょう。「○分あと」「○分前」の時こくを答えるもんだいでは、長いはりを5分ずつうごかしてみるとわかりやすくなります。長いはりが「12」を通るときには「何時」のぶぶんがかわることにちゅういします。

「あと」と「前」、「時間」と「分」、「30分」と「20分」をまちがえないように、ていねいにとりくみましょう。

26 時こくを　答えよう ⑩

1 ①㋐4時30分
㋑2時30分
②㋐11時5分
㋑9時5分
③㋐7時45分
㋑5時45分
④㋐7時
㋑3時
⑤㋐10時30分
㋑4時30分

2 ①㋐3時5分
㋑2時5分
②㋐4時40分
㋑3時40分
③㋐10時20分
㋑9時20分
④㋐12時45分
㋑12時5分
⑤㋐8時40分
㋑8時

おうちの方へ 17回から23回までの内ようを文しょうでよみとるもんだいです。頭の中に時計のはりが思いうかべられないときは、時計の図にはりをかき入れて考えてみましょう。

時計の図にたよらずできるようになれば、17回から23回までに学しゅうしたことが、みについたといえるでしょう。

27 まとめの テスト

1 ①㋐5時40分
㋑3時40分
②㋐11時30分
㋑7時30分
③㋐3時35分
㋑2時35分

2 ①8時50分　②6時50分
③8時20分　④7時30分

3 ①㋐9時10分
㋑7時10分
②㋐9時30分
㋑3時30分
③㋐2時15分
㋑1時15分

4 ①11時20分　②9時20分
③9時50分　④10時40分

おうちの方へ ある時こくから「○時間あと」「○時間前」「30分あと」「30分前」「20分あと」「20分前」の時こくを答えるまとめのテストです。時間をはかってとりくみましょう。まちがえたもんだいは、じっさいに時計のはりをうごかしてみると、理かいがふかまるでしょう。

28 時間と　分の　かんけい ①

1 60、90、90

2 1、15、15

3 ①60　②80
③100　④70
⑤110　⑥90
⑦65　⑧85

4 ①1　②1、30
③1、20　④1、50
⑤1、10　⑥1、40
⑦1、25　⑧1、5

おうちの方へ 「1時間＝60分」をもとにして、時間を、たんいをかえてあらわす学しゅうです。

❸ ②1時間20分は、60分と20分だから、60分＋20分＝80分です。

❹ ②60分＋30分＝90分だから、90分は1時間30分です。

29 時間と 分の かんけい②

❶ ①60 ②90
③110 ④80
⑤100 ⑥70

❷ ①95 ②75
③105 ④85
⑤65 ⑥115

❸ ①1 ②1、 30
③1、 50 ④1、 10
⑤1、 40 ⑥1、 20
⑦2

❹ ①1、 55 ②1、 25
③1、 35 ④1、 5
⑤1、 15 ⑥1、 45

おうちの方へ 28回と同じ内ようです。たし算やひき算をうまくつかって考えましょう。

❷ ③1時間45分は、60分と45分。
60分＋45分＝105分

❸ ⑤100分－60分＝40分
100分は60分と40分だから
1時間40分
⑦120分－60分＝60分
120分は60分と60分だから
1時間と1時間で2時間

30 午前と 午後

❶ ①午前
②午後
③正午、 0、 0
④12
⑤12
⑥24

❷ ①午前
②午後
③午前
④午後

おうちの方へ 1日の時間のながれを学しゅうします。1日には「午前」と「午後」があり、「1日＝24時間」で、午前と午後はそれぞれ12時間です。

午前と午後がくべつできるようになり、午前12時を午後0時、午後12時を午前0時とあらわすことにもなれましょう。

31 時間の たんい

❶ ①60 ②90
③100 ④85
⑤115 ⑥1
⑦1、 10 ⑧1、 50
⑨1、 5 ⑩1、 35

❷ ①12 ②12
③24

❸ ①正午
②午前
③午後
④0
⑤2

おうちの方へ 28回から30回までのまとめの学しゅうです。時間と分のかんけいや、1日の時間のなりたちをかんぜんにおぼえるようにしましょう。
1日のはじまりは「午前0時」であることや、1日（24時間）でみじかいはりは2回てんすることなどをおさえておきましょう。

32 午前や　午後を　つけて　時こくを　答えよう

1 午前
午後

2 ①午前8時30分
②午後8時30分

3 ①午前6時20分
②午前7時45分
③午前11時55分
④午後3時5分
⑤午後6時20分
⑥午後8時35分

おうちの方へ **1**のように、7時には、朝の7時と夜の7時の2通りあります。「午前」と「午後」のことばをつけることでくべつできることを学びます。このように、同じ時こくは1日の中に2通りあるので、「午前」、「午後」をつけて、くべつしてあらわすしゅうかんをつけるようにしましょう。日じょう生活の中で、おりにふれ、時こくのあらわし方をれんしゅうするとよいでしょう。

33 時間を　答えよう①

1 ①4
3
②7

2 ①6時間
②2時間
③8時間

3 ①6時間
②5時間
③8時間
④4時間
⑤9時間

おうちの方へ 「午前○時から午後□時まで」の時間が何時間であるかを学しゅうします。正午で午前と午後に分けて考えるとわかりやすくなります。1日の時間のながれがわかりにくいときは、じっさいに時計をつかってはりをうごかしてみたり、32回の1日（24時間）の時間の直線の図を見たりして、たしかめるとよいでしょう。答えのたんいは「時間」であり、「分」ではないことにもちゅういします。
3 ①午前7時から正午までが「5時間」、正午から午後1時までが「1時間」、あわせると「6時間」です。

34 時間を　答えよう②

1 ①9時間
②3時間
③7時間
④10時間
⑤8時間

2 ①9時間　②6時間
③5時間　④8時間
⑤4時間　⑥7時間
⑦10時間　⑧7時間

おうちの方へ　みじかいはりは、1時間で時計の数字ひとつ分だけうごきます。みじかいはりが、数字いくつ分うごいたかを見て、答えを出すこともできます。また、左の時計の図から右の時計の図まで、長いはりが何回、回るかをかぞえるというしかたでも、答えをみちびくことができます。

35 時間を　答えよう③

1 ①7
5
12
②7
8
15

2 ①12時間　②12時間

3 ①14時間　②15時間
③12時間　④13時間
⑤14時間　⑥13時間
⑦16時間　⑧20時間

おうちの方へ　答えが12時間や12時間をこえるもんだいをあつめています。とき方はこれまでと同じですが、**1**の②では、①の答えをりようして、午後5時までが12時間、午後5時から午後8時までが3時間だから、12時間と3時間で15時間ともとめてもよいです。
　やりやすいほうほうでといていきましょう。

36 時間を　答えよう④

1 ①4時間
②7時間
③12時間
④14時間

2 ①5時間
②7時間
③10時間
④12時間
⑤16時間

3 ①3時間
②8時間
③12時間
④7時間
⑤14時間
⑥9時間
⑦5時間
⑧15時間
⑨7時間
⑩6時間
⑪16時間

おうちの方へ　33回から35回までの内ようを文しょうだけでよみとるもんだいです。まだ時計の図がひつような場合は、はりのない時計の図をりようして考えてみるようにしましょう。

37 まとめの テスト

1 ①60　②1、30
③80　④24
⑤12　⑥12
⑦0

2 ①午前6時
②午前7時50分
③午後4時45分
④午後8時30分

3 ①2時間 ②7時間
③5時間 ④8時間
⑤12時間 ⑥16時間

4 ①8時間
②3時間
③13時間

おうちの方へ 28回から36回までに学しゅうしたことのまとめのテストです。時間をはかって、とりくみましょう。

38 しあげの テスト1

1 ①33分(33分間)
②20分(20分間)
③25分(25分間)
④14分(14分間)

2 ①㋐6時25分
㋑4時55分
②㋐11時40分
㋑10時10分

3 ①1 ②1、40
③70 ④24

4 ①午前9時10分
②午後4時25分

5 ①5時間 ②9時間

おうちの方へ 2年生でならった「時こくと時間」について、みについたかどうかをたしかめるためのしあげのテストです。**1**のたんいは「分」、**5**のたんいは「時間」です。たんいも正かくにあわせるようにしましょう。

39 しあげの テスト2

1 ①55分(55分間)
②22分(22分間)

2 ①45分(45分間)
②1時間

3 ①10時35分 ②7時35分
③9時5分 ④8時15分

4 ①12 ②1、20

5 ①6時間 ②7時間
③3時間 ④12時間

6 ①5時間
②14時間

おうちの方へ しあげのテスト1とは、こうせいがちがっているところもあります。時間をはかって、がんばってとりくみましょう。

40 3年生の 時こくと 時間

★**1** 9、15
10
15
25

★**2** ①20分(20分間)
②30分(30分間)

おうちの方へ ここでは、3年生で学しゅうする「時こくと時間」の中で、はじめにならう内ようをしょうかいしています。よくよんで、★**2**のもんだいにもチャレンジしてみましょう。